植物的生命

LIFE OF PLANTS

刘仁林　谢宜飞

著

深圳报业集团出版社

植物与生态家园系列丛书

Series of Plants and Ecological Homeland

图书在版编目（CIP）数据

植物的生命 / 刘仁林，谢宜飞著. —深圳：深圳报业集团出版社，2021.8

（植物与生态家园系列丛书）

ISBN 978-7-80709-947-5

Ⅰ. ①植…　Ⅱ. ①刘…　②谢…　Ⅲ. ①植物—普及读物
Ⅳ. ①Q94-49

中国版本图书馆CIP数据核字（2020）第271040号

出 品 人：胡洪侠
策划编辑：孔令军
责任编辑：彭春红
技术编辑：何杏蔚　魏孜文
封面插图：出　离
封面设计：吴丹娜
版式设计：友间文化

植物与生态家园系列丛书

植物的生命

Zhiwu de Shengming

刘仁林　谢宜飞　著

出版发行：深圳报业集团出版社（深圳市福田区商报路2号　518034）
印　　制：深圳市德信美印刷有限公司
经　　销：新华书店
开　　本：787mm×1092mm　1/16
总 字 数：282千字　　总 印 张：35.25
版　　次：2021年8月第1版　2021年8月第1次印刷
ISBN 978-7-80709-947-5
定　　价：120.00元（共四册）

带上这本书，走向自然

　　说到植物，我们并不陌生，我们身边生长着各种各样的植物。它们有的是旅行者眼中一道美丽的风景；有的是老饕餐盘中一道美味佳肴；有的燃烧了自己为人类的工业化进程贡献热量；有的成排成列站成一道遮挡风沙、洪水的绿色屏障……它们是风景，是菜肴，是能源，是屏障……你可曾想过，植物也是生命？它们以独特的生命形式居住在这个星球上，是"人口数量"第一大类群，它们有各自的"外貌"与"性情"，也有"衣、食、住、行"，在阳光雨露的滋养中它们也在蓬勃向上生长，积极构筑属于自己的"家园"。

　　在人类工业化的进程中，人类为了一己私欲侵占剥夺了许多植物的家园，让它们失去了立锥之地，然而人类与植物共生在同一个星球上，实在是息息相关、休戚与共，当温室效应引发全球变暖，极端天气频发，病毒、山火、暴雨、洪水、龙卷风在一夕之间将人类的家园摧毁殆尽时，我们感到了切肤之痛，不得不深思人类该如何与自然万物和谐共生。其实人类的家园与植物的家园并不矛盾，当我们将植物当作一种生命来尊重、来理解时，我们会发现，人类是可以和植物和谐共存，构建一个美好家园的。

"植物与生态家园系列丛书"一共四分册，分别是《植物的生命》《生活中的植物》《生态与植物》和《植物科学的未来》，该系列书为读者一键切换视角，从植物的角度出发，从一颗种子的成长开始，引领大家走进植物的世界。我们期待以新颖的视角、生动的语言与精美的图片让晦涩难懂的植物学知识不再局限于课本或科研论文中，而是能来一次"出圈"，把解开植物生态秘密的钥匙交给读者，让所有人都能成为植物的欣赏者、观察者，甚至是研究者。

　　党的十九大以来，国家对生态文明建设提出了一系列新思想、新目标、新要求和新部署，为建设美丽中国提供了行动指南，更是首次把美丽中国作为建设社会主义现代化强国的重要目标。建设美丽中国是国家对人类文明发展规律的深邃思考，突出了发展的整体性和协同性。作为科研工作者，我们更感肩上的使命与责任之重大，我们希望通过这套丛书能将人与自然和谐共生、良性循环、全面发展、持续繁荣的生态精神带给读者，把建设美丽中国的期盼播种到读者心中。

　　在此感谢为这套书的出版一起努力、提供素材和帮助的各位同仁。我们一同期待读者们能有一次愉快的阅读体验，并通过阅读，将目光聚焦给我们身边的植物，学会观察它们、理解它们、尊重它们、欣赏它们。

编者

2021.08

CONTENTS 目录

每一种植物不仅有自己的名字，而且还有"吃、住、行"和繁殖后代的天性。

1

植物的名称

　　每种植物都有两个名称：一个是"俗名"，即不同地区或国家对这种植物的称呼；另一个是拉丁名，它是用拉丁文拼写的名称，也叫"科学名称"，是世界通用的名称。植物有了统一的科学名称，方便了不同国家和地区之间的交流。

　　根据《国际植物命名法规》的规定，一种植物只允许有一个拉丁名，这样确保了不同的人对同一种植物不会叫错。

水稻（俗名）

Oryza sativa Linnaeus（拉丁名，也叫"科学名称"）

知识拓展

◎ 植物拉丁名由三部分组成：第一个词是分类等级"属"的名称，第二个词是"种加词"，第三个词是"命名人"。例如：

Oryza	*sativa*	Linnaeus
↓	↓	↓
属名	种加词	命名人
（稻属）	（米粒状）	（林奈，或简缩为L.）

◎属名相当于"姓"，首字母大写；种加词相当于"名"，字母一律小写；这两个词合起来就是一种植物的名称。命名人仅对命名负责。首字母大写。这种命名方法叫"林奈二名法"。

◎《国际植物命名法规》用两条明确的定律来确保名称不重复：一是唯一性，即一种植物只许配备一个名称。二是优先律，即先发表的正确名称有效，后发表的名称无效。

植物学家给植物新种取名字必须遵守《国际植物命名法规》，这样可以确保植物名称的科学性。给一种植物取名字最重要的是选择"种加词"，"种加词"不同，名字就不一样。一般植物的"名"取自三个方面意义的"种加词"。

取植物的特征作为名字

大自然的每种植物都有其各自的特征，给植物取名字时可以根据它的"特征"来命名，这样的例子很多，如：

李子 *Prunus salicina* Lindl.，其中"*salicina*"表示果实带有酸味的特征。

杨梅 *Myrica rubra*（Lour.）Sieb. et Zucc.，其中"*rubra*"表示红色的（果实）意思。

知识
拓展

◎给植物取名字是指取拉丁名，不能随意。植物学家都遵循同一个规则来取植物名字，这个规则叫《国际植物命名法规》，它是1867年在法国巴黎召开的第一次国际植物学大会上制定的。此后，定期召开国际植物学大会，并对《国际植物命名法规》进行修改和补充，如2017年国际植物学大会在深圳召开，这次大会修改、补充了藻类、真菌方面的命名法规内容。

◎如果出现像"红花檵木*Loropetalum chinense* Oliver var. *rubrum* Yieh"这样的名称，说明它是某个种下面的一个变种，用"var."表示；而用"subsp."或"ssp."表示亚种，例如，凹叶厚朴*Magnolia officinalis* Rehd. et Wils. subsp. *biloba* Law。

◎法规规定：植物名称都必须用拉丁词拼写，所以叫拉丁名；主要是长期的科学研究习惯用法。

取植物发现地的地区或国家名字作为某种植物的名称

河北梨 *Pynus hopeiensis* Yu，是俞德俊先生根据在河北发现和采集的标本定名的，其中"*hopeiensis*"是拉丁语"河北"之意。

中华猕猴桃 *Actinidia chinensis* Planch.，是弗兰切特根据在中国发现和采集的标本定名的，其中"*chinensis*"是拉丁语"中国的"意思。由这个野生种经过驯化、选育，培育了各种各样的猕猴桃品种在市场出售。

◎植物学家给植物新种命名时所依据的那份标本叫"模式标本"，如果是雌雄异株的植物，模式标本通常有两份。这种依据模式标本给植物新种命名的方法叫"模式法"。给植物新种命名之前必须进行充分的研究。

◎人类栽培的品种都由野生种经过驯化、选育成为各品种，然后大规模种植。例如——

水稻栽培品种是由普通野生稻驯化、选育而来的，现在江西东乡、湖南茶陵县湖里湿地等地仍有野生稻分布。

大豆栽培品种是从野大豆驯化、选育而来，现在江西三清山等地仍有野大豆生长。

小米栽培品种是由狗尾草驯化、选育而来。约8000年前黄河流域的先民将狗尾草驯化成今天吃的小米（谷子），营养丰富；可以说小米"养育"了我们的黄河文化。

橘子栽培品种是由野橘驯化、选育而来。野橘现在仍生长在崇义、湖南道县等地的山区。

因此，保护生物多样性对人类的未来发展至关重要。

野大豆*Glycine soja* Sieb. et Zucc.

野大豆是农业普遍栽培大豆的祖先，它与栽培大豆不同的是：野大豆为一年生的缠绕草本，茎纤细，全株生长有长硬毛；豆荚（荚果）也较短小。开花期7—8月，果成熟期8—10月。在我国，除新疆、青海和海南外各地都有野生分布。

狗尾草*Setaria viridis*（L.）Beauv.

狗尾草在《本草纲目》中叫"谷莠子"，《诗经》中叫"莠"。它是一年生草本，高10～100cm，染色体为2n=18，颖果灰白色。我国各地都有野生分布。

野生柑橘（野橘）*Citrus reticulata* Blanco

野生柑橘也叫"野橘"，它是栽培橘的祖先，目前已发现湖南道县、莽山和江西崇义县有野橘分布，它们都生长在较偏远的山区。野橘与栽培橘子品种有很明显的差异，主要表现在：野橘树干、枝条刺多，而且粗壮；果实表面粗糙，果肉很酸，种子较多。

取人的姓或名作为植物名称

为了纪念我国著名的植物学家秦仁昌先生，"秦氏木莲 *Manglietia chingii* Dandy"的种加词取"*chingii*"一词，这个词的拉丁语读音近似汉语"秦"。

秦氏木莲

2

植物的 "族谱"

植物来源

所有的生命都有一个共同来源，植物也一样。相关研究数据表明，植物的共同祖先可能是某些藻类；这些藻类生长在海洋里。因此，植物来源于海洋。

生物分为5个界：原核生物界、原生生物界、真菌界、植物界、动物界。其中，植物界有6大类群：木贼类、石松类、苔藓类、蕨类、裸子植物类、被子植物类。由于它们来自共同的祖先，所以隐藏着DNA信息的遗传联系线。

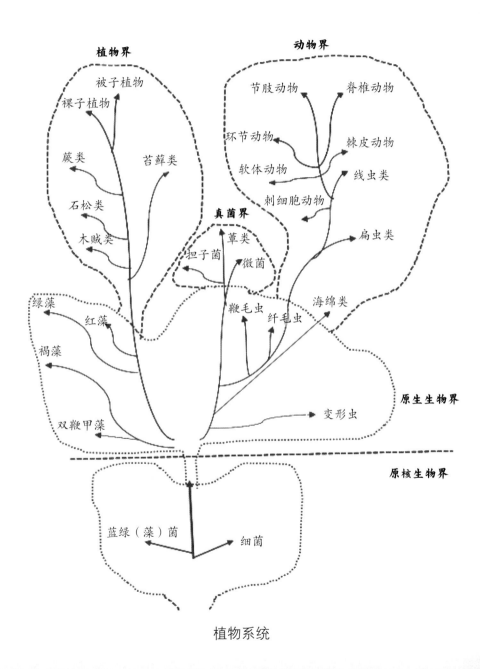

植物系统

◎地衣类的形态是菌、藻复合体，它应该归属于什么大类群？

现在依据DNA遗传信息把它归属于藻类。

地衣

◎不同植物类群分别出现在什么时期？

根据化石和DNA信息，一般认为藻类和菌类出现在25亿年前，蕨类出现在3.6亿年前，裸子植物出现在2.5亿年前，被子植物出现在1.5亿年前。

植物类群

植物各类群在地球上出现的时间不同。藻类出现很早，苔类次之，被子植物最晚；但它们之间存在DNA基因信息的遗传进化线。

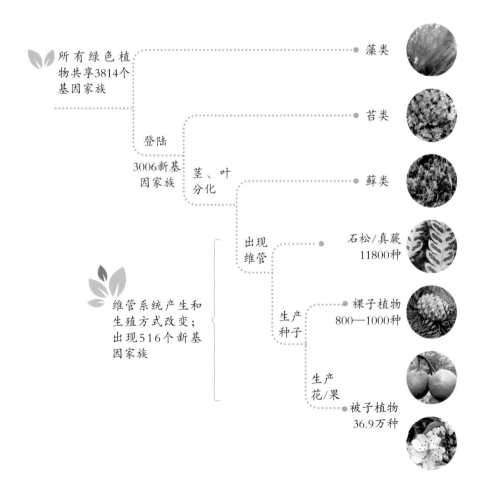

所有绿色植物共享3814个基因家族

登陆

3006新基因家族

茎、叶分化

出现维管

维管系统产生和生殖方式改变；出现516个新基因家族

生产种子

生产花/果

藻类

苔类

藓类

石松/真蕨 11800种

裸子植物 800—1000种

被子植物 36.9万种

植物登陆

大约4.3亿年前，角苔类的植物从海洋"爬上"了陆地。

植物登陆改变了地球环境，土壤慢慢形成了，大气中的二氧化碳（CO_2）浓度降低了，氧气增多了，生命逐步演化出复杂的种类，地球生机盎然。目前针对化石的研究发现，登陆最早的植物是苔藓植物。

一种现存的角苔类植物

最早的陆地植物的化石
Cooksonia cf. pertoni

（引自中国科学院西双版纳植物园新闻网报道）

怎样认识植物

为了利用植物，人类必须认识它们。认识植物需要做两方面的细致工作：第一件事是研究各种植物的形态特征和DNA基因信息，掌握它们的遗传进化线，构建一个科学、正确的"族谱"，也就是"系统发育图"；第二件事是找出不同植物的"表现"特征以及在这个"图"上的位置，构建一个便于认识植物的等级系统，这个系统叫"分类等级系统"。这两方面的工作合称为"系统发育分类"。

1981年，克朗奎斯特根据各种植物的性状特征和遗传线，构建了被子植物这个大"类群"的"家谱"图，叫"被子植物系统发育图"。

木兰亚纲与其他亚纲都有不同远近（遗传线长度）的联系。

木兰亚纲较古老，它有8个"家族"（目）。百合亚纲的位置离木兰亚纲最远，是后来新发展的类群（见下页图）。

被子植物系统发育图

根据植物的表现特征和DNA基因遗传线，把各种植物的性状特征作为等级分类的依据，方便识别各种植物。如，观察水稻的特征，就可以查到这是什么种（属于稻种），还可以知道水稻在发育系统图中的位置（属于鸭跖草亚纲、莎草目、禾本科、稻属），同时还知道左右"邻居"是"谁"，如下图。

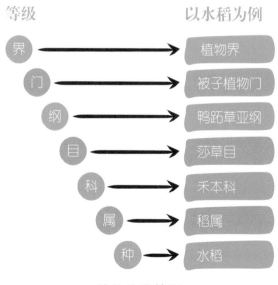

植物分类等级

◎种下面还有亚种、变种两个等级，但不是所有的种下面都有亚种或变种。

◎"品种"和"种"容易混淆。"种"是指自然产生的（野生），如水稻*Oryza sativa* L. 是指原种（野生稻）；而"品种"是人类以野生种为育种材料，按一定的目标，采用选育技术培育出来的。如，栽培的"杂优1号"是品种，不是"种"。水稻的品种很多。

◎品种一般是"种"或"变种"以下的分类等级。

◎栽培品种的名称是根据《国际栽培植物命名法规》确定的。

3

植物的"身体"

植物的"五脏六腑"

人体有五脏六腑各种器官，植物也有六个器官，它们分别是根、茎、叶、花、果、种子。

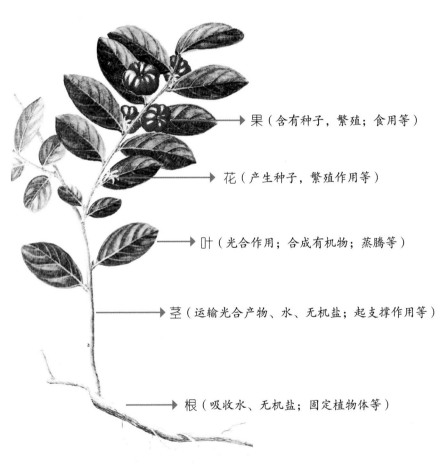

果（含有种子，繁殖；食用等）

花（产生种子，繁殖作用等）

叶（光合作用；合成有机物；蒸腾等）

茎（运输光合产物、水、无机盐；起支撑作用等）

根（吸收水、无机盐；固定植物体等）

算盘子的"身体"

各种器官都是由许多细胞组成的

◎细胞核含有遗传物质

◎叶绿体进行光合作用

◎线粒体进行呼吸作用，代谢能量

◎细胞膜保护并控制物质的进出

◎内质网是蛋白质合成场所，负责细胞核内物质的运输

◎高尔基体对蛋白质进行加工、分拣、运输

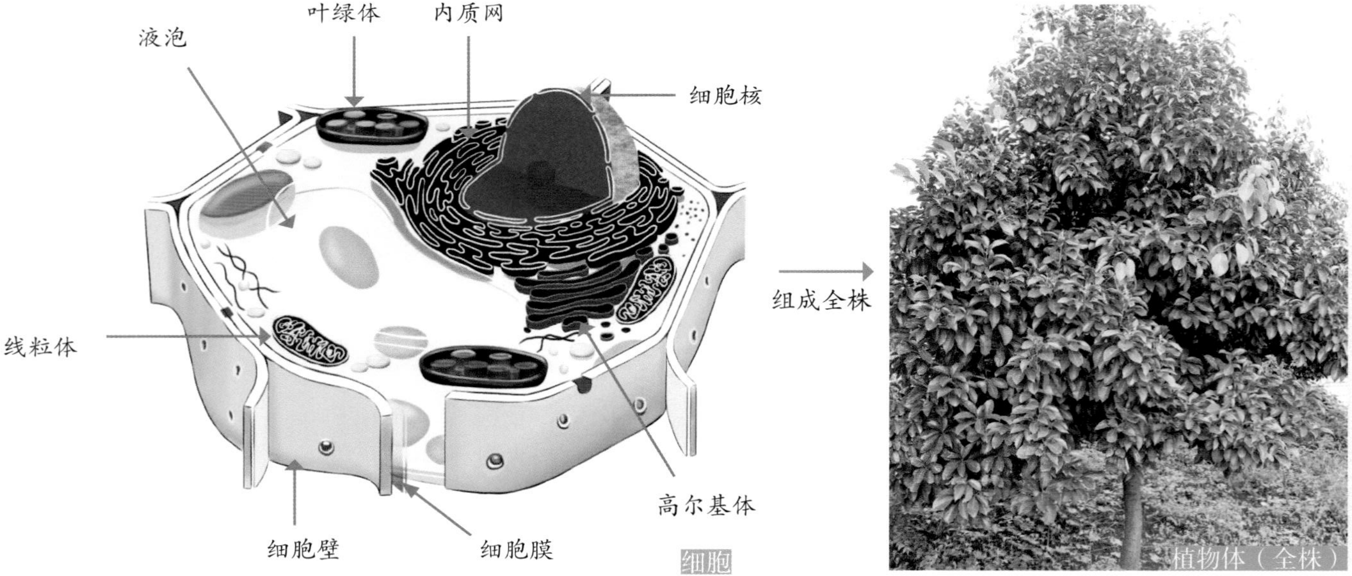

植物体（全株）

组成全株

细胞核

高尔基体

细胞

内质网

细胞膜

叶绿体

细胞壁

液泡

线粒体

植物器官的组成

植物也有"嘴"吃东西吗

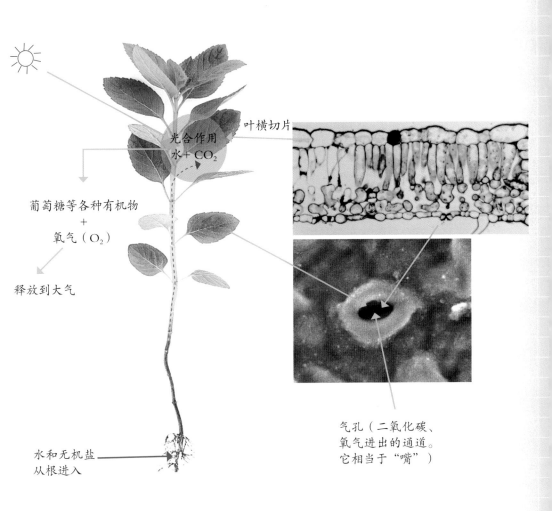

叶横切片

光合作用
水 + CO_2

葡萄糖等各种有机物
+
氧气（O_2）

释放到大气

水和无机盐
从根进入

气孔（二氧化碳、
氧气进出的通道。
它相当于"嘴"）

植物的"嘴"

◎植物的"嘴"是叶片上的气孔。CO_2从叶下面的气孔进入含有叶绿体的叶肉组织，同时，根吸收的水分进入叶片。叶绿体利用"水+CO_2"在光能的作用下进行光合作用，形成葡萄糖等各种有机物。

◎叶的"嘴"吃的是二氧化碳和光能。根的"嘴"是根毛，吃的是水、无机盐和矿物质。

◎光合作用是1772年美国化学家Priestley发现的，这是地球上最重要的化学反应，绿色植物利用太阳能把CO_2和水合成有机化合物，并释放出氧气。

◎每公顷森林每天可产生大约0.7吨氧气，负氧离子浓度约是城市的100倍。

植物与人体一样要呼吸吗

呼吸是在活细胞内的线粒体中进行的，是植物体内的有机物进入线粒体，在一系列酶的作用下逐步氧化分解，释放能量的过程。呼吸是所有活细胞的共同特征。

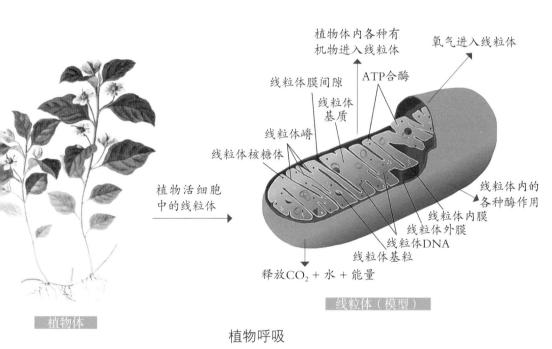

植物体内各种有机物进入线粒体

氧气进入线粒体

线粒体膜间隙

ATP合酶

线粒体基质

线粒体嵴

线粒体核糖体

植物活细胞中的线粒体

线粒体内的各种酶作用

线粒体内膜

线粒体外膜

线粒体DNA

线粒体基粒

释放CO_2 + 水 + 能量

线粒体（模型）

植物体

植物呼吸

体验

晚上没有光照，植物无法进行光合作用，无氧气放出。但呼吸作用仍然在进行，所以，晚上森林中二氧化碳浓度较高，处在其中会感觉到很沉闷。

4

植物的生长

植物的"静脉"和"动脉"

　　韧皮部的筛管类似于"静脉"，光合作用生成的有机物通过筛管向下输送到根等各器官。木质部的导管类似于"动脉"，从土壤中吸收的水、无机盐等通过导管向上输送到枝、叶等各器官。这两个方向的物质输送保证了植物生长。

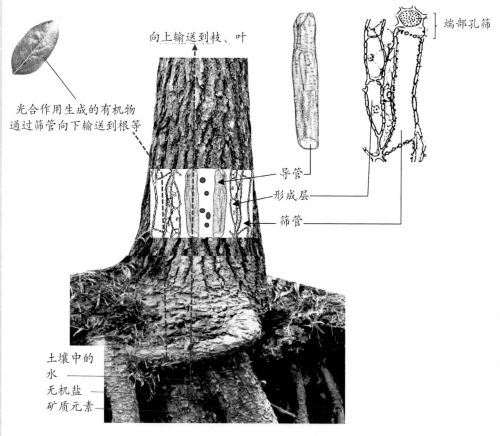

向上输送到枝、叶

光合作用生成的有机物
通过筛管向下输送到根等

端部孔筛

导管

形成层

筛管

土壤中的
水
无机盐
矿质元素

植物的"静脉"和"动脉"

树长高了

　　树的主干顶梢末端生长着顶芽。每年生长季节，顶芽细胞进行有丝分裂，产生很多新的细胞，这些新的细胞促成了新主梢的产生，使树长高。新的主梢顶端又生顶芽，为下一年再长高打下基础。

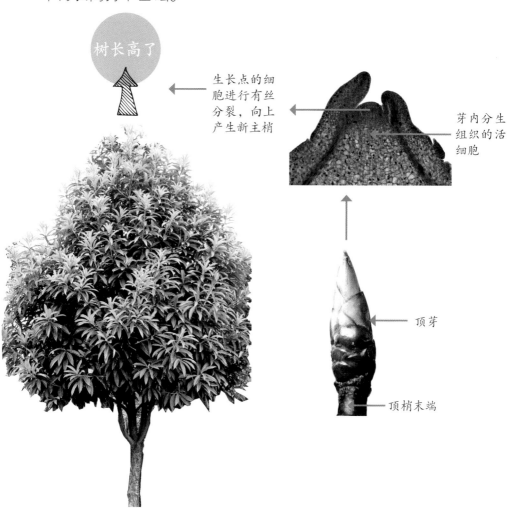

树长高了

生长点的细胞进行有丝分裂，向上产生新主梢

芽内分生组织的活细胞

顶芽

顶梢末端

　　◎草本植物没有顶芽，它们的拔高生长在很短时间内就已经完成了，因此草本植物不会每年长高。

　　◎果树和园林植物管理中，常常通过抹去顶芽来达到"矮化"造型的效果。

草本植物——毛茛

树长粗了

　　树干的筛管在外侧，导管在内侧，两者中间有一行活细胞叫形成层。形成层在每年的生长季节里进行有丝分裂，产生很多新细胞，且向外侧扩展，所以树干就逐渐变粗，并留下了年轮。

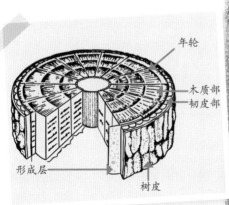

横向生长 ← 形成层细胞向两边分裂产生更多细胞，使树长粗 → 横向生长（长粗）

形成层细胞向两边分裂产生更多细胞，使树长粗

树干横向生长

◎毛竹*Phyllostachys edulis*（Carrière）J. Houz.等竹类植物的茎秆没有形成层，因此竹秆不会每年长粗。一般笋有多大，竹秆就有多粗。生产实践中，人们通过培育大笋来实现培育大径竹。

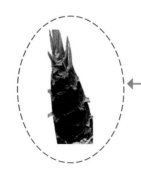

老茎生果

　　植物的芽分为定芽和不定芽。定芽有固定的位置，即枝顶（顶芽）和枝与叶柄交叉处（腋芽）；不定芽没有固定位置，一般在老茎（树干）、根、枝条伤口附近等。

　　波罗蜜*Artocarpus heterophyllus* Lam.是桑科Moraceae植物，它的老树干上的不定芽发育为花芽，开花并形成果实，这叫老茎生果；在开花期也叫老茎生花。这种现象在热带森林中常见。

波罗蜜老树干的不定芽位置

不定芽发育为花芽，开花后形成的波罗蜜果实

波罗蜜的老茎生果

为什么可以"截杆栽树"

　　树干上的不定芽通常不进行活动，所以也叫它"潜伏芽"或"休眠芽"。当树顶（树冠或树梢）被截除后，树干的不定芽开始萌发、抽枝、长叶，形成新的树冠。园林上把这种方法叫"截杆栽树"。这种方法可以减少树冠叶片因蒸腾作用而损失较多的水分，提高栽树的成活率。

截顶线

不定芽在截顶后萌发，重新形成树冠

树干上的不定芽

为什么可以修剪造型

腋芽是枝与叶柄交叉处的芽。修剪切口下面的腋芽方向决定了新枝、叶的伸展方向，利用腋芽的这个特点可以使植物造型多样。

修剪切口下面的枝条上还会产生较多的不定芽，使植物修剪后更加枝叶繁茂。

修剪切口

腋芽方向决定新枝叶伸展方向，使植物造型多样

植物造型

5

植物"住"哪里

植物的"住地"是指植物生长的环境类型。不同植物适应的生态环境不一样，有的生长在环境条件较好的森林里，有的生长在环境恶劣的沙漠和雪山，还有的生长在水里或海滩上。植物适应不同生态环境的特点叫"生态习性"。植物的"住地"主要有森林、雪山、沙漠、水中、石壁等生境类型。

"住"在森林里

　　森林环境类型复杂，生态位丰富，能容纳不同生态习性的植物，因此森林的植物种类很多，生物多样性高，是陆地重要的生态系统。

　　从热带到寒温带，森林中的植物种类逐渐减少。从低海拔到高海拔也表现这个规律。

◎许多植物需要森林的庇护，一旦森林被砍伐，就会导致珍稀植物的消失。如百合科Liliaceae的七叶一枝花*Paris polyphylla* Sm.适应生长在常绿阔叶林下，一旦森林遭到破坏，它就会消失。因此，保护完整的森林生态系统才能保护生物多样性。

七叶一枝花

"住"在雪山上

　　雪山的生态环境较恶劣，只有一些低矮的苔藓、地衣，或极少的匍匐状草本植物。

◎雪山从山脚到山顶越来越冷，植物种类也越来越少、株型越来越矮，出现了不同高度的植物带。以珠穆朗玛峰为例，山坡植物带的规律在南坡和北坡有差异。草甸垫状植被带，在南坡出现在海拔4700～5200m，而在北坡出现在海拔5000～5600m。

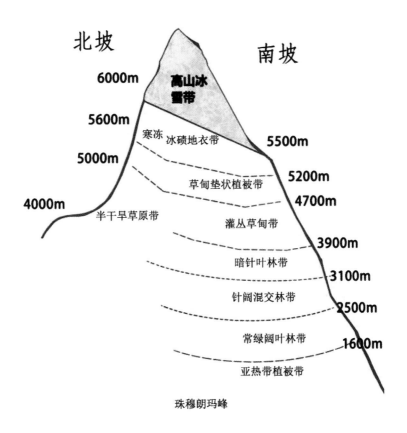

植被垂直分布

"住"在沙漠里

　　沙漠地区降雨极少，生长在那里的植物通常是矮小的草本，也有少量的灌木或小乔木。这些植物常常被毛，叶片较细小，茎、叶多为肉质化；这些特征能使植物减少水分蒸发，有利于生存。我国干旱地区约有植物610种。

肉苁蓉

梭梭

骆驼刺

斧翅沙芥

阿克苏牛皮消

沙漠植物

"住"在水里

　　"住"在水里的植物是指长期生长在有水的环境中的植物，一般把这些植物称为"水生植物"，它们有净化水质的作用。通常说的"湿地植物"包括水生植物和生长在季节性有水的环境中的植物。

　　水生植物分为挺水植物、浮水植物和沉水植物。挺水植物的根生长在水下土壤中，植物体有相对固定的位置，茎、叶露出水面；浮水植物是漂浮在水面，其根不生长在水下土壤中，而是随植物在水面漂浮；沉水植物完全生长在水面以下不同深度，其根固定在水下土壤里，因此也有相对固定的位置。

挺水植物：茭白

挺水植物：莲

沉水植物：苦草

沉水植物：海菜花

浮水植物：莼菜

浮水植物：王莲

"住" 在石壁上

　　广东石豆兰生长在森林中裸露的石壁上。它从空气中获得水分，又通过自己的根产生的分泌物"溶解"岩石。"溶解"了的岩石成分与其他死亡的有机体或自身的凋落物混合形成极薄的"土壤"，石豆兰从其中吸收"养分"而生存。

广东石豆兰

"住"在其他植物体上

森林中空气湿度大，水汽多，许多大树的枝丫处堆积了掉落下来的枯枝落叶。这些枯枝落叶与树体自身的树皮一起腐烂形成"土壤"。种子或蕨类植物的孢子落到这种"土壤"后，发芽并长成植物，它们也就"住"在树上了。这种现象叫"附生"。

植物附生现象

◎附生与寄生不同，附生是借助于其他生命体的支撑而生长，附生植物所需要的养分是从"土壤"中获得；而寄生是通过寄生植物自己的根插入被寄生的生命体（寄主）内吸收寄主的养分而生长。

杨树树梢，
冬季落叶了

寄生植物，
不落叶

寄生植物的
根插入杨树
体内

杨树树干

植物寄生现象

6

植物也能"行走"

植物借助于动物、风、水等外力，从一个地方"走"到另一个地方，扩散到不同的地区。这些地区联合起来叫植物的地理分布区。例如蒲公英*Taraxacum mongolicum* Hand.-Mazz."走"得很远，我国南北都有分布；有些植物"走"得很近，仅在一个小范围分布，如井冈山杜鹃*Rhododendron jinggangshanicum* Tam只在我国井冈山周围的罗霄山脉有分布。探索植物分布区的成因涉及植物进化、遗传、植物历史、地理历史等科学，是一项很有趣的工作。

知识拓展

◎鸟类取食红豆杉种子外面的红色肉质假种皮，同时将种子通过排便的方式带到很远的地方。

◎假种皮：某些植物种子表面覆盖的一层特殊物质。正常的种皮是由珠被发育而来的，假种皮则由株柄、胎座或雌花苞片发育而来。如红豆杉科植物，雌花基部苞片中最顶部的苞片发育为杯状的肉质假种皮。正常的种皮与假种皮来源对比见下页图。

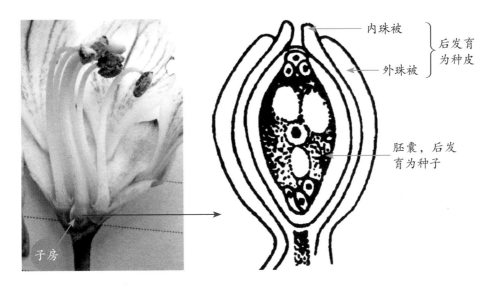

内珠被 —→ 后发育
为种皮

外珠被 —→

胚囊，后发育为种子

子房

正常的种皮来源

种子

由顶部苞片（左边）发育为红色肉质假种皮

种子

假种皮来源

猕猴取食木通植物的果实

　　猕猴取食木通植物的果实，把种子传播到另一个地方，种子就在那里发芽、生长。

借助于风力，红翅槭的种子能"走"到不同的省区，如广东、江西、福建、湖南、浙江等。

- - - - 种翅

- - - - 种子

红翅槭的种子依靠风传播

蒲公英的种子一端生了冠毛，风能把种子吹到很远的地方。

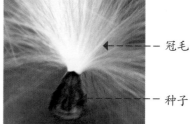

冠毛

种子

马尾松的种子生有一翅，借助风力，种子可以飞到其他地方，于是种子便在那里发芽、生长。我国亚热带地区都有马尾松生长、分布。

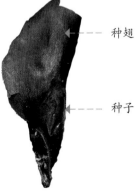

种翅

种子

马尾松种子以风为媒介传播

棕榈科Palmae的椰子树*Cocos nucifera* L.能漂洋过海，"行走"很远，其果皮坚硬、致密，能在海水中浸泡一两年而不腐烂，可以很好地保护果实内的种子。椰果借助于洋流，随海洋漂泊，一旦搁浅在海滩，条件适合，种子就会发芽，长成大树。

7

繁殖的"天性"

因为被子植物和裸子植物能产生种子，而种子又是繁殖器官，所以这两类植物也叫"种子植物"。蕨类、苔藓等植物的繁殖靠"孢子"，因此它们被称为"孢子植物"。植物与其他生命一样，具有自我繁殖的"天性"。

依靠种子繁殖

乐昌含笑的果实成熟后自动开裂，种子落在地面土壤中，发芽、生根、生长。这是植物自我繁殖的"天性"。

乐昌含笑的果实开
裂后，种子掉落于
地面发芽

种子既是繁殖器官，也是艺术品

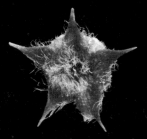

苋科的雾冰藜
Bassia dasyphylla

防己科的苍白秤钩风
Diploclisia glaucescens

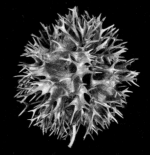

蓼科的褐色沙拐枣
Calligonum colubrinum

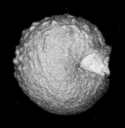

五味子科的华中五味子
Schisandra sphenanthera

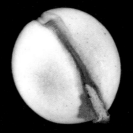

大戟科的乌桕
Triadica sebifera

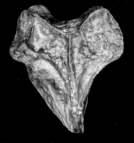

葡萄科的喜马拉雅崖爬藤
Tetrastigma rumicispermum

蔷薇科的东北扁核木
Prinsepia sinensis

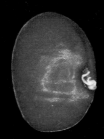

豆科的软荚红豆
Ormosia semicastrata

兰科的石斛
Dendrobium nobile

种子表面的花纹传递着丰富的艺术形态

种子是怎样产生的

种子的产生

种子是由花产生的。花是繁殖器官。被子植物中，一朵典型的花由花萼、花瓣、雄蕊和雌蕊组成。

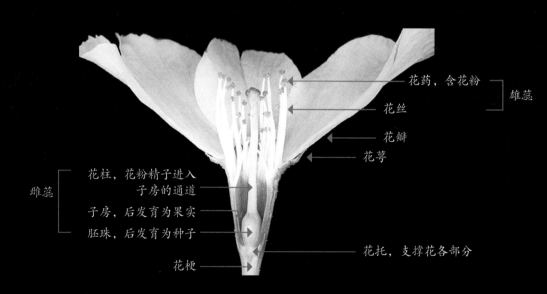

花药，含花粉
花丝
雄蕊
花瓣
花萼

雌蕊
花柱，花粉精子进入子房的通道
子房，后发育为果实
胚珠，后发育为种子
花梗
花托，支撑花各部分

花的构造

◎一朵花如果既有雌蕊，也有雄蕊，就叫"两性花"，如苹果、水稻等植物。如果只有雄蕊或只有雌蕊，叫"单性花"，如板栗等植物。

◎如果一株植物体上只生雄花，或只生雌花，这种现象叫"雌雄异株"，如银杏、猕猴桃、杨梅等植物。因此，栽培雌雄异株的果树时，必须要注意果园内雌株数量与雄株数量的配置比例，一般雌株数∶雄株数=1∶8。

植物的开花、结果

雄蕊的花粉通过传粉媒介如风、昆虫等，传到雌蕊的花柱柱头上。柱头上有许多雌蕊分泌的化学物质，这些化学物质具有识别花粉的功能，因此可以选择哪些花粉可以进入花柱，再进入子房，并在那里产生精子。这种选择作用保证了物种的稳定性和遗传性。

花粉母细胞和子房内的胚囊母细胞都进行减数分裂，分别产生单倍体的精子和卵，精、卵结合产生种子，并恢复到二倍体。

花粉（来自雄蕊）

花粉母细胞减数分裂形成的精子（单倍体n）

胚囊母细胞减数分裂产生的卵细胞（单倍体n）

精、卵结合（受精）形成种子

种子

雌蕊

伯乐树开花、授粉、产生种子的过程

◎自花授粉是指一朵花的雄花粉授到同一朵花的雌蕊上，这是严格的自花授粉；另外，自花授粉也可以是同一株植物体上不同花朵的雄花粉授到另一朵花的雌蕊上。

◎异花授粉是指同一个"种"的不同个体上的雄花花粉授到不同个体的雌蕊上。异花授粉产生变异的可能性较大，有利于进化适应。

◎不同"种"的植物之间可以自由授粉并产生种子，这种现象是自然杂交。自然杂交常常会产生较大的变异，甚至产生新物种，如半枫荷属植物便是如此。

"像"与"不像"

祖与裔为什么"像"又"不像"？这个问题主要与减数分裂有关。

异花授粉中，精子细胞和卵细胞分别带有父本和母本的染色体，因此子代自然表现出父本和母本的特征，这是"像"的原因。

由于受染色体复制、复制过程中的基因交换、两次减数分裂等过程中的环境因素、细胞发育等影响，基因发生变异，这是子代与亲本"不像"的原因。这些变异也是物种进化适应的"原料"。

花粉的好坏影响到种子的优劣，人工控制授粉目的是把优良的花粉（基因携带者）授到雌蕊，从而得到优良的种子，应用于生产实践。

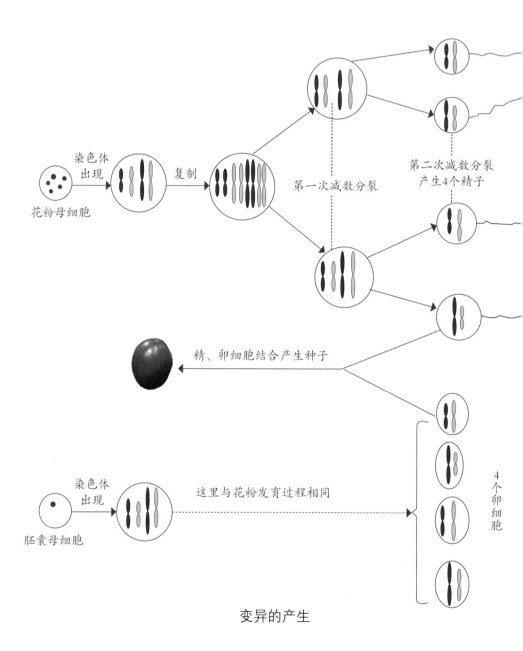

变异的产生

杂交优势的种子是如何得到的

在异花授粉中，采集某个具有"优良"性状如"产量高"的雄花花粉授到"目的植物"的雌蕊上，然后把果实中的种子收集，进行播种，种子发芽后长成的所有个体叫"子一代"。子一代的产量高于父本和母本的产量，这种现象叫"杂交优势"。杂交水稻的"高产"正是利用"杂交优势"的例子（如，下页图中假设不育系和恢复系各只有一条染色体，a、b、c是隐性基因，A、B、C是显性基因，子一代优良性状的表达由显性基因决定）。

植物的生命

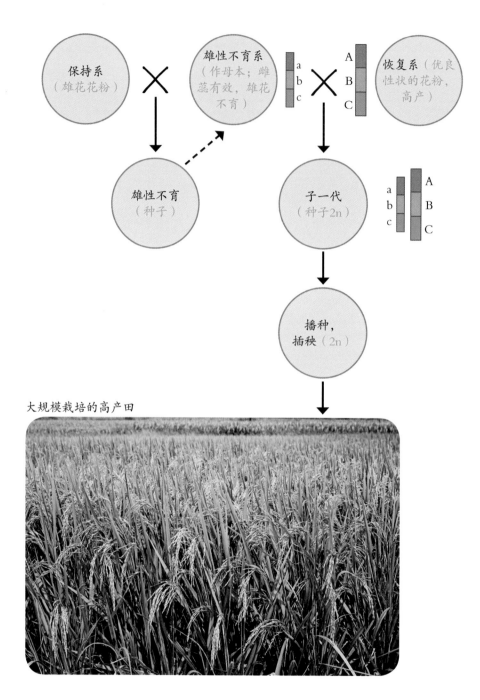

保持系
（雄花花粉）

× 雄性不育系
（作母本；雌蕊有效，雄花不育）

a
b
c

× A
B
C

恢复系（优良性状的花粉，高产）

雄性不育
（种子）

子一代
（种子2n）

a
b
c

A
B
C

播种，
插秧（2n）

大规模栽培的高产田

杂交水稻示意图

小贴士：

※ 早期的杂交水稻应用的是"三系"配套法，即雄性不育系作母本，将产量高的恢复系（父本）花粉授到母本雌蕊上，产生高产的种子，然后将这些种子播种栽培，获得较高产量。

※ 另外，为了使雄性不育系能够持续使用，必须将保持系水稻的花粉授到雄性不育系水稻的雌蕊上，这样得到的种子仍然是雄性不育，供下一次利用。

※ 现在采用"二系"配套法，即不用保持系，只用雄性不育系和恢复系，因为找到了一种技术方法可以使雄性不育系继续保持"不育"这个特性。

※ 为什么要用"雄性不育系"水稻？原因是水稻品种是自花授粉，如果要把具有优良性状的花粉授到不是"雄性不育"的雌蕊上，必须先进行人工"去雄"，这是无法实现的工作，因为水稻的花粉很多、很细。因此，找到了自身是"雄性不育"的水稻，就不需人工"去雄"。

※ 恢复系水稻实际上就是具有"产量高"等优良性状的一个水稻品种。

◎为什么杂交的子一代会"高产"？

因为子一代含有染色体显性基因A、B、C，这些基因是优良的"高产"基因，所以产量高。

◎杂交水稻为什么不能留种子用于下一年播种？

因为子一代所结的种子（稻谷）如果再播种，那么在开花授粉时，显性基因的染色体和隐性基因的染色体在减数分裂过程中分离，从而导致精、卵结合时出现隐性基因的染色体配对结合，不"结果"（稻谷），"产量"在理论上只有子一代的一半。所以不"留种"再使用。

水稻

基因工程是把"双刃剑"

什么是基因

基因是由4个碱基（腺嘌呤A、胞嘧啶C、鸟嘌呤G、胸腺嘧啶T）与D-2-脱氧核糖以及磷酸，通过化学键的形式"串连"成DNA链，DNA链上某个"位置"上一段连续的碱基排列顺序叫"基因"。由两条DNA反向平行的DNA链盘旋成DNA双螺旋结构。DNA双螺旋结构与蛋白质、各种酶等生化物质形成"粗大"的染色体。

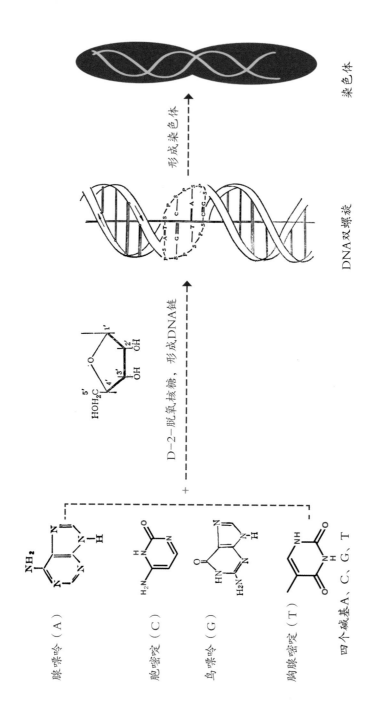

腺嘌呤（A）

胞嘧啶（C）

鸟嘌呤（G）

胸腺嘧啶（T）

四个碱基A、C、G、T

D-2-脱氧核糖，形成DNA链

DNA双螺旋

形成染色体

染色体

DNA形成

◎基因的表达受其启动子和终止子的控制。

◎一条染色体上可有成千上万个基因。

◎基因的作用是产生RNA，再翻译成蛋白质；或以RNA的形式起作用。

◎基因翻译成的蛋白质是活性蛋白质，是各种酶的主要成分，因此，不同基因通过翻译成不同蛋白质，形成不同酶而影响着生理代谢，表现出不同的特征。

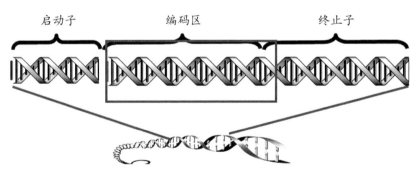

| 启动子 | 编码区 | 终止子 |

基因编码示意图

大自然的启发

土壤中的农杆菌染色体DNA上有导致植物肿瘤病害的T-DNA。研究发现，农杆菌能把致病基因T-DNA插入到植物体的染色体DNA链上，从而引起植物肿瘤病害。农杆菌这种能把基因片段插入到其他生命体DNA链上的功能叫"插队效应"。

"插队效应"启发人们将"目标"基因插入到所需要改良的植物或其他生命染色体DNA上，实现相应的性状表达，使基因工程变成现实。

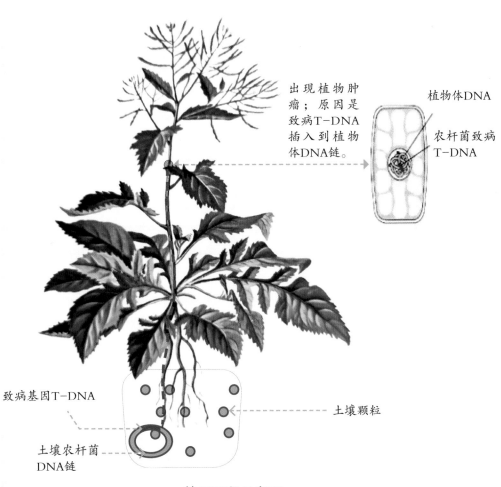

出现植物肿瘤；原因是致病T-DNA插入到植物体DNA链。

植物体DNA

农杆菌致病T-DNA

致病基因T-DNA

土壤颗粒

土壤农杆菌DNA链

基因工程示意图

植物的生命　　**81**

基因工程技术的原理是什么

人们可在找到具有"插队"功能的农杆菌之后，将"目的基因"（如"抗病性更强"或"产量更高"等特性的基因）通过转化载体，将其转入农杆菌，并替换致病基因T-DNA，再由农杆菌的"插队效应"把"目的基因"插入到需要改良的植物体染色体DNA链上，从而达到"目的基因"的性状表达效果。目前已经发现许多具有"插队"功能的微生物或酶。

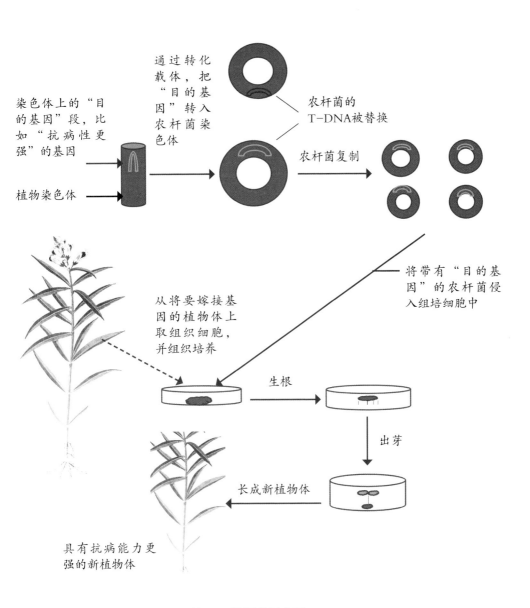

染色体上的"目的基因"段，比如"抗病性更强"的基因

植物染色体

通过转化载体，把"目的基因"转入农杆菌染色体

农杆菌的T-DNA被替换

农杆菌复制

将带有"目的基因"的农杆菌侵入组培细胞中

从将要嫁接基因的植物体上取组织细胞，并组织培养

生根

出芽

长成新植物体

具有抗病能力更强的新植物体

基因工程原理示意图

基因工程是把"双刃剑"

明白了基因工程原理，就知道染色体DNA链上的基因实际上是某个位置的一段"碱基序列"，它是可以按人的意志进行"拆卸"和"组装"的。因此，可以针对"目的基因"（如具有抗病、高产、颜色等特性的基因），通过"剪接酶"把它"拆下来"，再由具有"插队"功能的微生物或酶（如农杆菌等）"插入"到所需要改良的植物染色体DNA上去，这些被改良的植物开花、结果，得到的种子必然含有"目的基因"，从而表达出高产、抗病、颜色等特性来。

但是，这个原理也可以针对某些人群的特定基因类型，将具有很强传染性的致病基因"组装"到病毒上去，然后扩散到空气中或水体中，使这些人群感染，是对受害人群的"毁灭"性打击。

由此可见，"好人"可以用基因工程技术为人类服务，而"坏人"则可能用它来做坏事。这也提醒人类，科学研究要守住"科学伦理"；科学应用技术的发明应用更要有"科学伦理"道德，只有这样，人类才能平安、快乐地生存、繁衍下去。

8

植物万象

自然界的植物形态各种各样，即使同一个种，不同的植物个体也有差异。很多植物生长在一起，连成一片"绿色的海洋"，就成了森林。不同地方的森林因自然地理环境的差异，也表现出外貌各异、姹紫嫣红的特性来。无论是植物个体还是森林，它们都受自然地理环境的深刻影响。植物适应了所在的环境之后，一代一代繁衍下去，久而久之，就把这种适应性和相应的形态特征固定在遗传上了。因此，我们能够看到不同地方的植物、森林有规律地变化。

千姿百态的植物

色彩缤纷的植物叶片

秋冬时节，由于气温、空气湿度和光照的变化，叶绿体逐渐降解，而其他色素逐渐增多，改变了叶片内叶绿素与其他色素的含量比例，因此许多植物在秋天和初冬季节变成红色、金黄色等各种颜色，使自然界五彩缤纷。

枫香 *Liquidambar formosana* Hance 是金缕梅科 Hamamelidaceae、枫香树属 *Liquidambar* 的落叶乔木，高达 26m。秋天至初冬，叶变成红色或金黄色，是重要的城市景观植物。枫香的叶掌状3裂，基部心形；单性花，雄花为短穗状；雌花为头状花序。蒴果球形、木质，具宿存花柱及针刺状萼齿。我国河南、山东、四川、云南、西藏、广东、浙江、江西、福建、台湾等各省区都有野生分布。枫香一般生长在海拔 200～1800m 的村落附近，路边、山坡中下部、山谷、荒山等地可见，适应光照条件较好、土壤润湿的环境，但也比较耐干旱。

银杏*Ginkgo biloba* L. 是银杏科Ginkgoaceae、银杏属*Ginkgo*的落叶乔木，高20～30m，枝条有长枝和短枝之分。秋天和初冬，叶变成金黄色。叶扇形，顶端1～3裂。银杏是裸子植物，雌雄异株，单性花；雄球花下垂，具短梗；雌球花具长梗，梗端常分两叉，其中一个叉端的胚珠发育成种子，风媒传粉。开花期3—4月；种子成熟期9月（下旬）—11月。据记载仅浙江天目山有野生分布；全国广泛栽培；一般生长在海拔200～2000m的山坡下部，寺庙附近常见；银杏适应土壤湿润、肥沃、深厚的环境，如果种植在垃圾附近或干旱、瘠薄的土壤中，或种植在水泥石块砌成的高30cm以上的花盆中，成活时间不长，会慢慢枯死。

金钱松*Pseudolarix amabilis*〔Nelson〕 Rehd.是松科Pinaceae、金钱松属*Pseudolarix*的落叶乔木，有长枝与短枝之分，短枝生长极慢，有密集环节状的叶枕。叶在短枝顶端排列成铜钱状圆形；叶条形，镰状微弯，长2~5.5cm，宽0.5cm以下，先端柔尖，叶背每边有较多的淡绿色气孔线，气孔带较中脉宽或相等；秋叶金黄色。开花期4月，球果成熟期10—11月。江苏、浙江、安徽、福建、湖南、江西、湖北等省区都有分布；一般生长在海拔150~1200m的山坡上部，或散生于针叶林、阔叶疏林内。金钱松喜光，适应肥沃、润湿、深厚的土壤。

紫果槭*Acer cordatum* Pax是槭树科Aceraceae、槭属*Acer*的常绿乔木，全株无毛。秋天伊始，叶变为红色，直至初冬才落叶。叶对生，卵状长圆形，长6～9cm，宽3～4.5cm，基部近于心脏形，叶近全缘，或稍有锯齿，基生三出脉；叶柄淡紫色，长约1cm。翅果的小坚果凸起，果翅张开成钝角或近于水平。开花期4月下旬；果成熟期9—11月。湖北西部、四川东部、贵州、湖南、江西、安徽、浙江、福建、广东、广西等省区均有分布。紫果槭一般生长在海拔600～1500m的山脊、山坡上部、疏林路边，喜阳光，幼树耐阴。

五彩苏*Coleus scutellarioides*（L.）Benth.是唇形科Labiatae、鞘蕊花属*Coleus*的直立草本。茎通常紫色，四棱形，被微柔毛，具分枝。叶大小、形状及色泽变化较大，长4～12.5cm，宽2.5～9cm，先端钝至短渐尖，边缘具圆齿状锯齿或圆齿；叶下面常散布红褐色腺点。轮伞花序多花，花萼钟形，具10脉，外被短硬毛及腺点，果时花萼增大，萼檐二唇形，上唇3裂，中裂片宽卵圆形，比较大，果时反卷；侧裂片短小，下唇呈长方形，较长，2裂片高度靠合，先端具2齿，齿披针形。花冠颜色各样，姹紫嫣红。花期7月。原生地为印度、马来西亚、印度尼西亚、菲律宾、波利尼西亚，我国引进栽培。

青海云杉*Picea crassifolia* Kom.是松科 Pinaceae、云杉属*Picea*的常绿乔木，高达23m，胸径30～60cm；一年四季青翠挺拔。叶四棱状条形，辐射状排列在枝上，长1.2～3.5cm，横切面四棱形，四面有灰白色气孔线，因此，远处可以看见枝叶银灰色闪光。球果圆柱形，长7～11cm，花期4—5月，球果9—10月成熟。青海云杉是我国特有树种，祁连山区、青海、甘肃、宁夏等西北山区都有分布。青海云杉是材质优良、抗旱性较强的植物。

与众不同

自然界有许许多多的植物奇形怪状，很不一般，其中有些我们容易见到，而有些是罕见的。

南方红豆杉*Taxus wallichiana* Zucc.var.*mairei*（lemee et Lévl.）L.K.Fu et Nan Li是红豆杉科Taxaceae、红豆杉属*Taxus*的常绿乔木。叶排列成两列，镰刀状弯曲，种子生于杯状、红色肉质的假种皮中；种子成熟时间10—11月。安徽、浙江、台湾、福建、广东、广西、湖南、江西、湖北、河南、陕西、甘肃、四川、贵州、云南等省区都有分布。南方红豆杉一般生长在海拔350～1000m的山谷、山坡中、下部，阔叶林中；喜湿润、肥沃的土壤，耐阴。树皮、叶含紫杉醇，药用。

南方红豆杉的大树常常"空心"，宛如一间房屋，可以放置农具、竹竿，甚至可住人。为什么"空心"的大树不会死亡呢？因为树皮内有多层活细胞，中间的1～2层活细胞叫形成层。以形成层为界，其外面的活细胞叫韧皮部；同样，形成层里面的活细胞叫"活性木质部"。"活性木质部"中存在有输送能力的"管胞"，可将从土壤中吸收的水分和养分输送到枝、叶和其他部位；同时，韧皮部中的"筛胞"又把叶片光合作用的产物输送到根部和其他部位。就这样，构

成了"向上"运送水分、矿物质、养料和"向下"运输光合产物的循环，保证了树体仍然"活着"。其实，"空心"的部分是"死木质部"，是木材部分的腐烂造成的。

紫茎*Stewartia sinensis* Rehd. et Wils.的树干很特别，通直、光滑、黄色。它是山茶科Theaceae、紫茎属*Stewartia*的叶乔木，花单生、白色；花苞片较长，约2cm；花萼5裂，花瓣离生，子房有毛。蒴果卵圆形，种子有窄翅。开花期6月中旬；果成熟期11月上旬。四川、安徽、江西、浙江、湖北都有分布。一般生长在海拔800～1900m的山坡上部、山脊、疏林内；喜阳光、耐干旱，幼树耐阴。

龟甲竹*Phyllostachys heterocycla*（Carr.）Mitford是禾本科 Gramineae、刚竹属*Phyllostachys*的木本植物，竹竿中部以下的一些节间缩短而于一侧肿胀，相邻的竹节交互倾斜而于一侧彼此上下相接或近于相接，形似龟甲。

龟甲竹是毛竹的变异形成的，因此，偶尔能在竹林中发现这种竿形特别的竹子。

"榕包樟"很少见。樟树（香樟）*Cinnamomum camphora*（L.）Presl.是亚热带常见树种，村前屋后、山谷、溪水旁边都能看到其"身影"。榕树*Ficus microcarpa* Linn.f.的种子很小，风或鸟类可能将榕树种子传播到樟树枝桠处，由于南方的空气湿度大，种子容易发芽、生长。随着榕树的生长，其根系通过附着在樟树树体而伸入土壤，形成"榕包樟"现象。

------ 樟树的树体

------ 榕树的根系

"榕包樟"现象

　　这是一株古樟树干枯后留下的枝、杆"造型"，犹如一幅艺术画，美韵犹存。

"囊中羞涩"

　　植物与昆虫的相互作用产生了奇特的效果，如上图中的昆虫在"蛀食"云南杜鹃 *Rhododendron yunnanense* Franch.的叶片时，通过口器"注射"一些液体状物质，刺激叶片细胞的"免疫反应"，叶片会自动产生一些化学物质使细胞迅速畸形坏死，阻止昆虫毒液的蔓延，从而保护自己，结果导致叶片变成"囊状"；其颜色可能是叶片本身的色素与昆虫毒液"反应"的结果。

"茶片"是外担子菌的菌丝体侵入油茶嫩叶，引发嫩叶细胞迅速发生"免疫反应"而产生畸形坏死，阻止菌丝蔓延，却导致嫩叶"肥大"起来。从这里也可以看到植物的免疫机理很奇妙，也很神秘，值得研究探索。

茶片

肥胖的叶片

种子植物的果实形态各异，有些果实犹如艺术品，具有丰富的内涵。例如，下图是清风藤科Sabiaceae、清风藤属*Sabia*的清风藤*Sabia japonica* Maxim.果实，形似两人在窃窃私语。

清风藤是落叶攀援木质藤本，果实类型是核果，有两个分核，近肾形；开花期2—3月，果成熟期4—7月。其枝、根含清风藤碱等多种生物碱，药用。

"窃窃私语"的果实

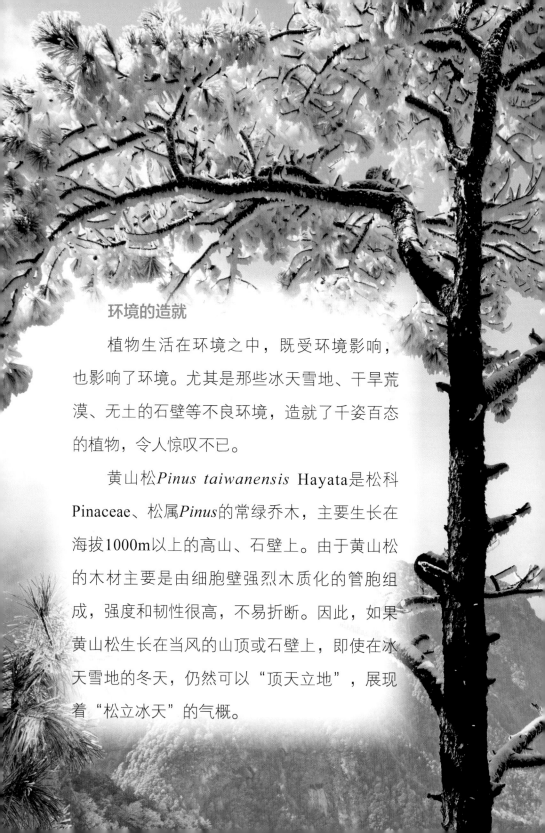

环境的造就

植物生活在环境之中，既受环境影响，也影响了环境。尤其是那些冰天雪地、干旱荒漠、无土的石壁等不良环境，造就了千姿百态的植物，令人惊叹不已。

黄山松*Pinus taiwanensis* Hayata是松科Pinaceae、松属*Pinus*的常绿乔木，主要生长在海拔1000m以上的高山、石壁上。由于黄山松的木材主要是由细胞壁强烈木质化的管胞组成，强度和韧性很高，不易折断。因此，如果黄山松生长在当风的山顶或石壁上，即使在冰天雪地的冬天，仍然可以"顶天立地"，展现着"松立冰天"的气概。

　　黄山松如果生长在较为背风的石壁或山坡上，由于松叶茂盛、树枝细密，在冰天雪地的冬天，尽显"银花素枝"的朴素、优雅气质。

铁杉*Tsuga chinensis*（Franch.）**Pritz.**也是松科植物，但它属于铁杉属*Tsuga*。铁杉不同于黄山松，虽然也生长在海拔较高的地方，但其叶片平扁、较短、枝叶浓密。因此，在冰雪的冬天，凝结在树冠的冰雪显得晶莹剔透，宛如一把"银伞"，洁白无瑕。

　　荒漠地区干旱、少雨，仅有一些矮小、耐旱的植物生长在那里，偶尔也能见到一些耐干旱的乔木，零零散散地分布着，树高一般在3m以下，如蓼科的乔木状沙拐枣*Calligonum arborescens* Litv.、胡颓子科的沙枣*Elaeagnus angustifolia* L.、柽柳科的黄花红砂*Reaumuria trigyna* Maxim.等等。由于沙漠地区缺水，微生物分解很慢，枯树腐烂得也很慢。因此，荒漠里的乔木枯死以后，树皮脱落、细枝风化，会留下树体的骨架，体现出"风骨嶙峋"的美韵。

荒漠地区人迹罕至，山上环境更是"恶劣"，常常是寸草不生，而岩石裸露的山峰由于各种矿物质的颜色不同，构成了一幅美丽的画卷。但是，在稍平坦、低洼的沙区，却有"常住居民"，如豆科的骆驼刺*Alhagi camelorum* Fisch.、沙冬青*Ammopiptanthus mong olicus*（Maxim. ex Kom.）Cheng f.、塔里木沙拐枣*Calligonum roborovskii* A. Los.、刺沙蓬*Salsola tragus* L.等，它们都长得很矮，身上多刺、多汁，根扎得很深……这些特征有利于它们从地下吸收水分，同时又减少了水分散失，提高了生存能力。

石壁上的生命

南方一般温和、多雨，空气湿度较大。一些草本植物的细小种子，借助于风或鸟类传播，落在石壁上。这些种子能依靠空气中的水分发芽、生长。它们枯死的叶子、细根等，腐烂后变成有机的营养物质，成为它们自身生长的养分。更特别的是，它们的根或其他器官分泌的有机酸还能慢慢地溶解石壁，逐渐形成了薄薄的土壤，使植物的生长环境变得更有利，这就是植物改造环境的一种特殊能力。

花红柳绿

灯笼花*Enkianthus chinensis* Franch.是杜鹃花科Ericaceae、吊钟花属*Enkianthus*的落叶灌木，枝无毛。叶椭圆形，长0.7～1.5cm，宽0.6～0.8cm，上半部边缘有锯齿；花单生叶腋，花冠红色。开花期1—6月，果期成熟9—10月。安徽、浙江、福建、江西、湖北、湖南、广西、四川、贵州、云南都有分布。一般生长在海拔900m以上的山顶、路边；喜光，耐干旱。

　　齿缘吊钟花*Enkianthus serrulatus*（Wils.）Schneid.是杜鹃
花科Ericaceae、吊钟花属*Enkianthus*的落叶灌木，高约2m。叶
长6～10cm，宽3～3.5cm，叶边缘具细锯齿；伞形花序顶生，
花下垂。开花期4—5月，果成熟期7—8月。浙江、福建、湖
北、湖南、江西、广东、广西、四川、贵州、云南都有分布。
生长在海拔800～1800m的山顶、路边；喜光，耐干旱。

塔黄*Rheum nobile* Hook. f. et Thoms.，也叫塔蓼，是蓼科Polygonaceae、大黄属*Rheum*的高大草本，高1～2米，茎单生不分枝，粗壮（直径2～3cm）。叶基生、莲座状，具多数茎生叶及大型叶状圆形，直径20～30cm，全缘或稍不规则开裂，基出脉5～7条，叶上面光滑无毛，托叶鞘宽大，长10～15cm。花序分枝腋生，总状，长5～9cm；花5～9朵簇生，花被片6或较少，黄色。开花期6—7月，果成熟期9月。只见于喜马拉雅山和云南西北部的高寒地带，一般生于海拔4000～4800m的高山石坡或草地，全草可药用。

　　绵参*Eriophyton wallichii* Benth.是唇形科Labiatae、绵参属*Eriophyton*的多年生草本；根肥厚，圆柱形，先端常分叉。茎直立，高10～20cm，不分枝，钝四棱形，下部通常生于乱石堆中，肉质状。叶变化很大，茎下部叶细小，茎上部叶大，两两交互对生，两面均密被绵毛。轮伞花序，唇形花，花冠长2～3cm，淡紫色或粉红色。开花期7—9月，果成熟期9—10月。西藏、云南、四川，青海都有分布，一般生长在海拔3400～4700m的高山乱石堆中，根可入药及供食用。

矮龙胆*Gentiana wardii* W. W. Smith是龙胆科Gentianaceae、龙胆属*Gentiana*的多年生草本植物，高2~3cm，有发达的匍匐茎。枝直立，极低矮。叶密集，形成莲座状。花单生枝顶，基部被包围于叶丛中；无花梗；花冠蓝色，钟状，花萼以上突然膨大。蒴果，种子黄褐色，有光泽，表面具海绵状网隙。开花期8—10月，果成熟期8—10月，开花后不久果实就成熟了，避免冬季寒冷伤害种子；仅见西藏、云南有分布，一般生长在海拔3500~4550m的高山草甸、碎石山坡上，全株可入药。在干燥寒冷的高原，紫外线较强，植物的花五颜六色，尤以开紫色花的植物为多。

独一味*Lamiophlomis rotata*（Benth.）Kudo是唇形科Labiatae、独一味属*Lamiophlomis*的草本，高2～10cm。叶片4枚，辐射状排列，叶形各异，如菱状圆形、菱形、扇形、横肾形或三角形，长6～13cm，宽7～12cm；叶上面密被白色疏柔毛，而且波状皱折。花冠紫红色，唇形，上唇近圆形，边缘具齿牙；下唇被微柔毛；开花期6—7月，果成熟期8—9月。主要生长在西藏、青海、甘肃、四川西部、云南西北部的海拔2700～4500m的高原碎石滩中或石质高山草甸。全草入药，有较好的止血效果。

金脉鸢尾*Iris chrysographes* Dykes野生分布于西藏、云南、四川，海拔1200～4400m；开花期6—7月，果成熟期8—10月。金脉鸢尾是多年生草本，叶基生、条形。花茎光滑、中空，高25～50cm。花蓝紫色，外花被裂片有金黄色的条纹，故取名为"金脉鸢尾"，具有很高的园林观赏价值。

金脉鸢尾

深谷古桑

雅鲁藏布江大峡谷古桑树生长在大峡谷入口区，树龄约1000年；树冠直径达80m，如今依然生长茂盛。雅鲁藏布江大峡谷交通闭塞，当地居民没有种桑、养蚕的习惯，根据考证，此古桑树是天然野生，具有较高的研究价值。这株古桑树在植物分类学上是桑*Morus alba* L.。桑为落叶乔木，叶广卵形，先端渐尖，基部圆形至浅心形，边缘锯齿粗钝；雌花序长2cm，聚花果卵状椭圆形，长3cm，成熟时红色或暗紫色，可食用。开花期4—5月，果成熟期5—8月。树皮可作纺织原料、造纸原料；根皮、果实及枝条可入药；叶为养蚕的主要饲料；桑木材坚硬，可制家具、乐器、雕刻等。桑葚可以酿酒，称桑子酒。

雅鲁藏布江大峡谷古桑树

森林"怪兽"

西藏地区人烟稀少，自然环境保护良好，有许多原始森林。进入藏南地区的原始森林，犹如走进迷宫，容易迷失方向；林内古木撑天、枯木立地，一些苔藓植物附生在古木身上，形似"怪兽"。

原始森林

西藏原始森林中的"怪兽"

古老的植物遗迹

我国古生物学家在西藏希夏邦马峰高山栎化石层中发现了今天仍然有活体的植物化石，其中一块化石遗迹类似现在生长在云南高山上的帽斗栎*Quercus guyavaefolia* Levl.。也就是说，现存的栎类植物可能在距今200万—1200万年前就出现了。

这块栎类植物化石是上新世（晚第三纪）遗留下来的，距今200万—1200万年。希夏邦马峰的海拔8012m，化石地点的海拔5700～5900m，如今已没有森林存在。从那里的植物化石分析可以得知，化石地点海拔5700～5900m的地区在上新世有森林存在，而且是以常绿栎类林和雪松林为主，气候是温和而多雨的亚热带气候，海拔可能不超过2500m。对比如今那里的情况，显然上新世以后的200万—300万年之间，青藏高原上升了约3000m，成为现在的高寒地带。

似帽斗栎的栎类化石

帽斗栎

帽斗栎*Quercus guyavaefolia* Levl.是壳斗科 Fagaceae、栎属*Quercus*的常绿小乔木，高达15米。小枝密被棕色绒毛。叶片长3~9cm，宽2~5cm，顶端圆钝，基部圆形，全缘，叶背被棕色海绵状毛；叶柄长0.5~0.7cm。单性花，雄花序长4~6cm。壳斗帽斗状。花期4—5月，果成熟期10—11月。现在主要生长在四川、云南，海拔2500~4000m的山地或云杉、冷杉林下，是西南高山硬叶常绿栎类林主要树种之一。

后　记

从启蒙科学走向公众科学

　　我们身边生长着琳琅满目的植物，植物的生命活动中不仅蕴含许多科学知识，还有许多有趣的奥秘，我们唯有不断地探索才能逐步揭开这些"谜团"。"植物与生态家园系列丛书"一共四分册，分别是《植物的生命》《生活中的植物》《生态与植物》和《植物科学的未来》。《植物的生命》带领读者们进入植物生命的秘密，能使人产生许多想象和疑问，这也许是萌生探索之意的肇启。我们天天都要跟植物打交道，从吃的粮食到呼吸的氧气，还有天然的植物药材，再到环境净化等等，人类的衣食住行都离不开植物。在《生活中的植物》一书中我们认识生活中的植物，了解植物方面的科学知识。植物是生态环境的主要缔造者之一，从《生态与植物》开始将读者引入广袤的科学领域，许多植物与生态现象令人叹为观止，能使读者萌生跃跃欲试的探索之念，为当今生态危机或生态风险的化解提出科学观点。不论社会如何进步，科学技术如何迅速发展，植物在人类生活中依然是不可缺少的重要生物资源。人们也许会问：未来的植物科学将会如何？虽然这是一个难以回答和预测的问题，但是，立足于当今的发展趋势，不妨做一些窥斑见豹的探讨，《植物科学的未来》或许可以帮助读者思考更多植物在未来生活中的应用。

自然科普读物按内容的深浅一般可分为三种类型：一是"儿童画"式的读物，比较浅显、美观，吸引儿童的注意力；二是小知识，如专谈健康，或谈饮食，或谈花草等等，涉及各方面的知识，不同人群可以从这类读物中各取所需；三是"启智生萌"的读物，读后顿觉"豁然"，启发智慧，或使读者萌生某些奇异遐思，或暗下决心，如把魏格纳的"海陆起源"写成了科普读物，言简意赅，通俗易懂，读后能领会地球发生地震、火山的原理，这样的科普读物影响了许多人，尤其是青少年。"植物与生态家园系列丛书"的定位跳出了一般的科普读物范围，由植物学家将科学知识由浅入深地介绍给读者，通过知识拓展和问题思考等，让学者与大众共同探讨植物科学有关生活的问题，让公众也能了解和切身体验这些科研项目。

出版"植物与生态家园系列丛书"，是我们从启蒙科学走向公众科学的一次全新的尝试，作为植物与生态的研究者，我们真诚地邀请各位读者通过阅读本书参与到探索植物科学这一领域的项目中来。

《植物的生命》由刘仁林（江西赣南师范大学生命科学学院教授/博士；中国植物学会会员；江西省植物学会副理事长）、谢宜飞（赣南师范大学生命科学学院，博士；中国植物学会会员，江西省植物学会会员）共同写作完成。文中图片丰富、生动形象，其中要特别感谢为本书提供照片的各位先生、同仁：中国科学院昆明植物研究所杨永平先生提供绵参照片；中国科学院庐山植物园唐忠炳提供七叶一枝花照片；中国林业出版社李敏先生提供梭梭、肉苁蓉、阿克苏牛皮消、斧翅沙芥照片；中国科学院昆明植物研究所李涟漪先生提供雾冰藜、苍白秤钩风、褐色沙拐枣、华中五味子、乌桕、喜马拉雅崖爬藤、东北扁核木、软荚红豆、石斛9种植物的种子照片。其余照片由刘仁林提供。另外，感谢刘剑锋（赣南师范大学生命科学学院）对书稿的校核工作。

刘仁林

2021.8.12

生活中的

PLANTS IN OUR LIFE

李　莉　刘仁林

植物与生态家园系列丛书

Series of Plants and Ecological Homeland

深圳报业集团出版社

植物

图书在版编目（CIP）数据

生活中的植物 / 李莉，刘仁林著. —深圳：深圳报业集团
出版社，2021.8
　（植物与生态家园系列丛书）
　ISBN 978-7-80709-947-5

　Ⅰ．①生…　Ⅱ．①李…②刘…　Ⅲ．①植物—普及读物
Ⅳ．①Q94-49

中国版本图书馆CIP数据核字（2020）第271041号

出 品 人：胡洪侠
策划编辑：孔令军
责任编辑：彭春红
技术编辑：何杏蔚　叶怨秋
封面插图：出　离
封面设计：吴丹娜
版式设计：友间文化

植物与生态家园系列丛书
生活中的植物
Shenghuozhong de Zhiwu

李　莉　刘仁林　著

出版发行：深圳报业集团出版社（深圳市福田区商报路2号　518034）
印　　制：深圳市德信美印刷有限公司
经　　销：新华书店
开　　本：787mm×1092mm　1/16
总 字 数：282千字　　总 印 张：35.25
版　　次：2021年8月第1版　2021年8月第1次印刷
ISBN 978-7-80709-947-5
定　　价：120.00元（共四册）

带上这本书，走向自然

　　说到植物，我们并不陌生，我们身边生长着各种各样的植物。它们有的是旅行者眼中一道美丽的风景；有的是老饕餐盘中一道美味佳肴；有的燃烧了自己为人类的工业化进程贡献热量；有的成排成列站成一道遮挡风沙、洪水的绿色屏障……它们是风景，是菜肴，是能源，是屏障……你可曾想过，植物也是生命？它们以独特的生命形式居住在这个星球上，是"人口数量"第一大类群，它们有各自的"外貌"与"性情"，也有"衣、食、住、行"，在阳光雨露的滋养中它们也在蓬勃向上生长，积极构筑属于自己的"家园"。

　　在人类工业化的进程中，人类为了一己私欲侵占剥夺了许多植物的家园，让它们失去了立锥之地，然而人类与植物共生在同一个星球上，实在是息息相关、休戚与共，当温室效应引发全球变暖，极端天气频发，病毒、山火、暴雨、洪水、龙卷风在一夕之间将人类的家园摧毁殆尽时，我们感到了切肤之痛，不得不深思人类该如何与自然万物和谐共生。其实人类的家园与植物的家园并不矛盾，当我们将植物当作一种生命来尊重、来理解时，我们会发现，人类是可以和植物和谐共存，构建一个美好家园的。

"植物与生态家园系列丛书"一共四分册，分别是《植物的生命》《生活中的植物》《生态与植物》和《植物科学的未来》，该系列书为读者一键切换视角，从植物的角度出发，从一颗种子的成长开始，引领大家走进植物的世界。我们期待以新颖的视角、生动的语言与精美的图片让晦涩难懂的植物学知识不再局限于课本或科研论文中，而是能来一次"出圈"，把解开植物生态秘密的钥匙交给读者，让所有人都能成为植物的欣赏者、观察者，甚至是研究者。

　　党的十九大以来，国家对生态文明建设提出了一系列新思想、新目标、新要求和新部署，为建设美丽中国提供了行动指南，更是首次把美丽中国作为建设社会主义现代化强国的重要目标。建设美丽中国是国家对人类文明发展规律的深邃思考，突出了发展的整体性和协同性。作为科研工作者，我们更感肩上的使命与责任之重大，我们希望通过这套丛书能将人与自然和谐共生、良性循环、全面发展、持续繁荣的生态精神带给读者，把建设美丽中国的期盼播种到读者心中。

　　在此感谢为这套书的出版一起努力、提供素材和帮助的各位同仁。我们一同期待读者们能有一次愉快的阅读体验，并通过阅读，将目光聚焦给我们身边的植物，学会观察它们、理解它们、尊重它们、欣赏它们。

编者

2021.08

CONTENTS 目录

我们的生活离不开植物，每天都和植物打交道，日常的吃、穿、用都和植物相关，植物还能改善环境。那么有哪些植物和我们的生活密切相关呢？

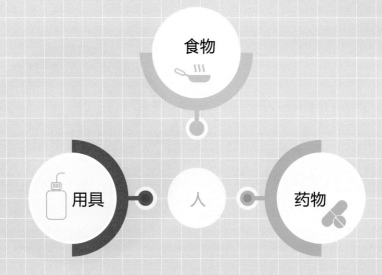

食物

用具

人

药物

1
重要的 "粮食" 植物

人类的生存不能没有食物，而植物是人类食物的主要来源，自远古以来都是如此。

水稻

稻米是由水稻的果实而来的。水稻（*Oryza sativa*）的栽培历史已有7000多年了，人类自从学会了栽种水稻，便开启了定居方式的"社会"生活，由此产生了多种多样的文明。据考证，水稻可能起源于中国南方。如今，我国不但在南方栽培水稻，甚至在北方如东北、河西走廊等地也可以见到水稻。到2020年，我国的水稻种植面积约4.5亿亩。由此可见，水稻是我国历史悠久的主要粮食作物。

现在栽培的水稻是怎样来的

人类赖以生存的粮食作物都是由野生植物驯化、培育而来，水稻也是如此。其主要过程是：野生稻的发现 → 栽培驯化 → 选育 → 形成品种 → 大规模农业栽培。古人只做到了"野生稻的发现"和"栽培驯化"这两步，因为古代的科学技术水平很低。

江西东乡的野生稻

◎全球的野生稻约有20种。其中，中国发现3种，它们是：普通野生稻*Oryza rufipogon* Griff.、药用野生稻*Oryza officinalis* Wall. ex Watt、疣粒野生稻*Oryza granulata* Nees et Arn. ex Hook. f.（异名：*Oryza meyriana* Baill.）。

◎普通野生稻是禾本科稻属水生草本植物，高达1.5m，花果期4—5月，果成熟于10月。野生分布在亚热带和热带地区，如湖南省的江永、茶陵；福建省的漳浦；江西省的东乡（北纬28° 14′）。其中东乡是全球普通野生稻野生分布的最北界。由此可见，水稻喜好在多水、温度较高的热带、亚热带地区生长。我国新石器时代的遗址中陆续发现了"稻谷遗迹"，说明我国很早就发现并栽培了野生稻。

◎普通野生稻的染色体2n=24，染色体组是AA型，x=12。现代普通栽培的水稻品种也具有AA型染色体组。因此，普通野生稻是现在栽培的水稻品种的"祖先"。普通野生稻和现在栽培的水稻品种都有AA型染色体组，说明它们的亲缘关系较近，相互杂交可育。由此可知，普通野生稻的抗寒、抗病、抗虫等抗逆性可以通过杂交育种，培育具有抗逆性的新品种。我国已把普通野生稻列为国家二级保护植物。

◎药用野生稻的染色体组为CC型，2n=24。野生分布在广东、海南、广西、云南。印度、缅甸、泰国也有分布。

◎疣粒野生稻的开花期和果实成熟期在10月至第二年的2月。染色体2n=24。野生分布在广东、海南、云南、广西。印度、缅甸、泰国至印度尼西亚爪哇、马来西亚也有分布。

野生稻的稻谷先端具长芒

野生稻与栽培品种的差异

早在一万多年以前我们的祖先就发现了野生稻，并开始驯化、栽培，在距今七千多年以前，水稻生产技术已达到一定的水平。在这个漫长的过程中，古人慢慢观察到野生稻中有些植株明显不同。这些"不同"其实就是今天所说的"变异"，比如"果实（稻谷）多""谷芒较短""株型紧密"等性状的差异，而且可以遗传至下一代。为了收获更多稻谷，古人自然会选择稻穗较多、较长的植株上的果实留种，用于来年播种。由此可见，古人很早就开始应用"选育"的技术了。不过，早期他们不知道其中的科学原理，而是"下意识"地运用这种技术。

随着科学技术的发展，特别是现代遗传学的发展，人类培育的目标更加明确，技术更加成熟和先进，培育了许多高产、优质的水稻栽培品种。现代栽培的水稻品种与野生稻已经明显不同了，主要差异表现在如下性状：①野生稻的产量低，栽培品种产量高；②野生稻的谷芒长，栽培品种谷芒短或无；③野生稻的株型松散，栽培品种的株型紧密，等等。这些差异，可以用简单的图来表示。

普通野生稻
（果实少，谷芒长，
株型松散）

———— 驯化、选育、栽培 ————→

栽培品种
（产量高，谷芒短或无，
株型紧密）

野生稻经过驯化、选育后，才能得到栽培品种

野生稻：株型散乱

人工选育的品种：株型紧凑、直立

野生稻与栽培水稻品种比较

◎ "选育"有"正"作用和"负"作用。"选育"是"选种"与"培育"相结合的过程。由于"选育"的经济目标很明确，人们关注的是"高产"或"优质"等直接经济性状，如果连续选择（甚至几百年连续选择），这些被关注的性状"基因"就被保留下来了。这是"选育"的"正"作用。但是，野生稻原有的抗病、抗虫害、抗干旱等性状，在"选育"过程中就会被忽视或无法兼顾。因此，栽培的水稻品种容易遭受病、虫害危害，或不耐干旱。这是"选育"的"负"作用。因此，保护野生稻资源，就是为了利用其抗病、抗虫的天然基因，改良栽培品种的遗传结构。

◎ "选种"是获得高产、优质的关键，正确的培育方法（栽培管理）可以促进"良种"的优势发挥。因此，农业生产中常说的"良种"与"良法"并举，有其内在的科学道理，两者缺一不可。

"粒粒皆辛苦"

当人们在餐桌上享受一碗香喷喷的白米饭时，可曾想到其中每一粒米所饱含的种稻者的艰辛？一粒稻米需要经过几十道工序才能得到，主要过程是：播种 → 育秧 → 犁田、耙田 → 插秧 → 3～4次耕耘（包括施肥、防治病虫害等）→ 割稻 → 脱粒 → 晒谷 → 风选 → 入库 → 碾米，最后才得到晶莹玉润仿如珍珠般的稻米。

1播种

2育秧

3插秧

4中耕期

5稻谷成熟

6 收割

7 晒谷

8 稻米

◎人类仍面临巨大的粮食问题？

2020年全世界人口达75亿，中国以14亿居第一，占世界人口的18.8%。中国的耕地面积虽居世界第4位，但人均仅1.4亩，只占世界平均水平的1/3，排在世界的第126位以后。由此可见，要解决14亿中国人的"吃饭问题"是一个艰巨的任务。面对"人多，耕地少"的现实，以袁隆平为代表的我国农业科学家，采用传统的杂交遗传育种的技术，研发了杂交水稻"制种法"。应用这种方法获得的水稻种子，被称为"杂交优势"种子，然后育秧、栽培，可以获得很高的产量。

◎杂交水稻属于转基因食品吗？

不属于，因为这里指的杂交水稻，是以袁隆平为代表的团队研发的"杂交水稻"，它是应用传统杂交育种的技术，将同一个种（水稻 *Oryza sativa*）内的不同植物体上的花粉授粉杂交，包括"水稻"这个种以下等级的不同品种之间杂交得到的"杂交优势"种子，再育秧、栽培。因此，传统杂交水稻的亲代与子代的基因"亲缘"较高。而转基因水稻是将水稻种外的"外源基因"通过基因工程技术插入到"目标基因链"中去而得到的。因此，转基因作物的亲代与子代的基因"亲缘"较低。

◎什么是"杂交优势"？

采集某个优良性状如"产量高"等植株的雄花花粉，将其授到"目的植物"的雌蕊上，然后把结实后得到的种子进行播种，发芽后长成的所有个体叫子一代。子一代的产量高于父本和母本的产量，这种现象叫"杂交优势"。杂交水稻的高产正是利用了"杂交优势"。

营养宝库——小麦

小麦（*Triticum aestivum* L.）是世界上最早栽培的植物之一，也是人类重要的粮食作物，约占粮食消费总量的43%。小麦是禾本科Gramineae小麦属*Triticum*的草本植物。现在，人类已经选育出了许多栽培品种，它们的产量较高，品质优良。

小麦果实营养丰富，被称为"营养宝库"。麦粒中除了淀粉外，营养成分主要储藏在胚芽中，它含有极其丰富且优质的蛋白质、脂肪、多种维生素、矿物质等，其中蛋白质占27.0%～30.5%、脂肪10.5%～13.0%、粗纤维2.0%～2.2%、可溶性无氮物40.0%～47.0%、灰分4.0%～5.0%、水分9.5%～11.5%。另外，麦芽能发芽、长成新的小麦植物，是小麦籽粒的"生命之源"。

1小麦苗

2小麦青苗

3小麦
近熟

4小麦
成熟

小麦秆直立，丛生，具6～7节，高60～100cm，径5～7mm。叶鞘松弛包茎，叶舌膜质，叶片长披针形，卵圆形。小麦在我国南北各地广泛栽培。

◎小麦可能起源于西南亚。新石器时代古人类发现野生小麦后，开始驯化、栽培，其栽培历史大约有1万年。

◎栽培小麦的历史：公元前6000年巴基斯坦有栽培；公元前6000年—公元前5000年欧洲的希腊和西班牙有栽培；公元前5000年—公元前4000年外高加索地区有栽培；公元前4000年非洲埃及有栽培；公元前3000年印度有栽培；公元前2000年中国有栽培。因此，中国栽培小麦的历史有4000—5000年。然后由中国传入朝鲜、日本。公元15世纪至17世纪间，欧洲殖民者将小麦传播至南美洲、北美洲；18世纪传播到大洋洲。

◎根据研究资料，AA型染色体组的"野生一粒小麦"与BB型染色体组的"拟斯卑尔脱山羊草"自然杂交，产生了"野生二粒小麦"（AABB型染色体组）；由"野生二粒小麦"驯化为"栽培二粒小麦"，再与DD型染色体组的"粗山羊草"自然杂交，才产生了"普通小麦"（AABBDD染色体组），普通小麦就是常说的"小麦"，其拉丁学名是*Triticum aestvum* Linn.。小麦可以与"野生一粒小麦""野生二粒小麦"授粉杂交，这就为杂交育种提供了方便。

◎收割时间：春小麦一般在冬季寒冷的区域栽培，因为冬季太冷，不能播种，所以必须在春季播种、栽培，称为春小麦。春小麦一般3月下旬或4月上旬播种，7月中下旬收割。冬小麦在稍温暖的区域栽培，一般10月播种，来年6月下旬至7月上旬收割。我国东北是春小麦栽培区，华北及其以南是冬小麦栽培区。

孕育了黄河文化的小米

小米的植物学名称是什么

小米的植物学中文名称是"粱"，粱的拉丁学名为
"*Setaria italica*（L.）Beauv."（科学名称），通常写成：
粱*Setaria italica*（L.）Beauv.。"粱"也叫"黄粟"（广东俗
称）、"小米"（黄河以北各地俗称）、"谷子"（北方俗
称）等。由此可见，"粱""小米""谷子""黄粟"等名
称都是指小米，只是大家都更习惯称之为"小米"。所以
小米的拉丁名称与粱的拉丁名称相同，即小米*Setaria italica*
（L.）Beauv.。

为什么把"粱"叫"粟"

在分类学上，"粱"这个种产生了变种，这个变种
就是"粟"。因此，"粟"的拉丁学名为"*Setaria italica*
var. *germanica*（Mill.）Schred."，即粟*Setaria italica* var.
germanica（Mill.）Schred.。由于"粱"这个种产生了变种，
因此"粱"也叫"原变种"，其拉丁名称的写法也有所改

变，即粱 *Setaria italica*（L.）Beauv. var. italica。但是，日常生活中的"小米""谷子"或"黄粟"等名称，都包括了原变种"粱"和变种"粟"。

显然，"小米"是指两类不同的植物，即"粱"和"粟"。由于"粱"和"粟"差别不大，因此农艺学上一般不作区分，都称为"小米"或"粟"。这正是生活中"小米"就是"粟"的原因，而"粱"这个名称在生活中用得很少。

"粱"与"粟"有什么区别

"粱"与"粟"的差别不大，主要是：①粱的谷穗较大，长10～40cm，直径1～5cm；而粟的谷穗较小，长6～12cm，直径0.5～1cm。②粱的秆粗壮，高1m以上；而粟的秆较细弱矮小，高20～70cm。

小米是怎么来的

"小米"是禾本科Gramineae狗尾草属*Setaria*的草本植物，它是由野生的狗尾草*Setaria viridis*（L.）Beauv.驯化而来。大约8000年前，黄河流域的先民就已经将狗尾草等的植物驯化成小米（谷子）了，而且几千年以来，小米都是黄河流域的主食，人们的生活离不开它。因此，素有"小米孕育了黄河文化"之说。野生狗尾草在中国各地普遍分布，一般生长在海拔4000m以下的荒地、路边、田埂等生境。亚洲其他地区以及欧洲也有分布。

御谷与小米的区别

御谷*Pennisetum americarum*（L.）Leeke subsp. americarum不是小米，它是由狼尾草属*Pennisetum*的植物驯化而来，有些地方也把御谷叫"珍珠粟"。

野生狗尾草

驯化、选育、栽培

粱（谷子、小米）

粱（谷子、小米）驯化示意图

◎中国种粟（包括粱）的历史悠久。新石器时代的文化遗址如西安半坡村、河北磁山、河南裴李岗等都发现了粟的遗迹，距今约7000年。

◎在千百年来的驯化、选育、栽培过程中，中华民族创造了许多粟的品种，这是中国拥有丰富粟的品种资源的主要原因。瑞士植物学家A.德堪多认为"粟是由中国经阿拉伯、小亚细亚、奥地利而西传到欧洲的"。植物学家和遗传学家 Н.И.瓦维洛夫也认为"中国是粟的起源中心"。

◎小米（包括粱、粟）的营养价值很高，含丰富的蛋白质、脂肪和维生素。根据测定，含蛋白质9.7%，脂肪1.7%，碳水化合物77%；此外，每100克小米中，含有胡萝卜素约0.12毫克，维生素B_1约0.66毫克，维生素B_2约0.09毫克；还含有烟酸、钙、铁等营养成分。小米还有一定的药用效果，有清热、滋阴、补脾肾和肠胃等功效。

什么是黄米?

黄米又叫黍、糜子、夏小米、黄小米,本草纲目中称"稷"。黄米的科学名称(拉丁名)是*Panicum miliaceum* L.。它生长于中国北方,目前新疆等地仍有野生分布。黄米是古代黄河流域的重要粮食作物之一;中国西北、华北、西南、东北、华南以及华东等地山区都有栽培,亚洲、欧洲、美洲、非洲等温暖地区也有栽培。

黄米是一年生栽培草本,高40~120cm,杆节密被髭毛,节下被疣基毛。叶鞘松弛,被疣基毛;叶片长10~30cm,宽1~2cm,两面具微毛或无毛。成熟时果序下垂,长达30cm。开花期5—6月,果成熟期9—10月。

黄米营养较丰富,含蛋白质、碳水化合物、B族维生素、维生素E、锌、铜、锰等营养元素,具有益阴、润肺、利大肠之功效。适宜于体弱多病、夜不得眠、面生疔疮者食用。

黄米

② 生活中的
"食用油"植物

油菜

油菜*Brassica napus* L.是十字花科Cruciferae芸薹属*Brassica*草本植物。它又叫"芸薹""油白菜""苦菜"。"油菜"的花黄色，花瓣4片，是典型的十字花型；雄蕊6枚，其中4枚长2枚短（四强雄蕊型）；开花期3—4月，果成熟期4—5月；果实为角果。果实中的种子为球形，直径约1.5mm，黄棕色，是榨油的原料，榨出的油叫"菜油"。各地广泛栽培，是重要的油料作物之一。

农艺学上把芸薹属植物中种子含油较多的几种植物都叫"油菜"。这几种植物主要是：白菜型油菜*Brassica campestris* L.（而*Brassica rapa* L. 是异名）、芥菜型油菜*Brassica juncea* L.、甘蓝型油菜*Brassica napus* L.等栽培种。由于甘蓝型油菜产量高、病虫害少，各地广泛栽培，因此通常所说的"油菜"就是指"甘蓝型油菜*Brassica napus* L."。

油菜
Brassica napus L.

油菜成熟

油菜的菜籽

1 2 3 4 5 6 7
mm

油菜与菜籽示意图

东方的"橄榄油"——茶油

茶油是怎样来的

生活中食用的"茶油"营养价值高，易被人体吸收，而且"食、药"两用，有益于身体健康，因此被誉为东方的"橄榄油"。"茶油"是从"油茶树"上的果实中（其中的"茶籽"）压榨出来的。"油茶树"也叫"油茶*Camellia oleifera* Abel"，是山茶科Theaceae山茶属*Camellia*的木本植物，常绿小乔木，高2～8m，寿命较长，可达300多年的树龄。

油茶树
开花期

油茶树
结果期

古老的生态榨油工艺

    餐桌上香气扑鼻的茶油来之不易，从油茶树上采摘果实，到收获"茶油"，需要经过多道工序，主要流程为采果→

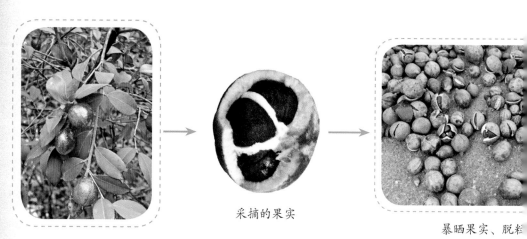

采摘的果实

成熟的油茶果实

暴晒果实、脱粒

木榨（树干锉空而成）榨油

食用茶油

晒果 → 脱粒 → 壳、籽分离 → 碾籽 → 蒸炒 → 做"枯饼" →
上榨 → 人力压榨 → 出油 → 提炼（去杂质）→ 食用。这个
工艺过程无污染，是古人的"生态智慧"。

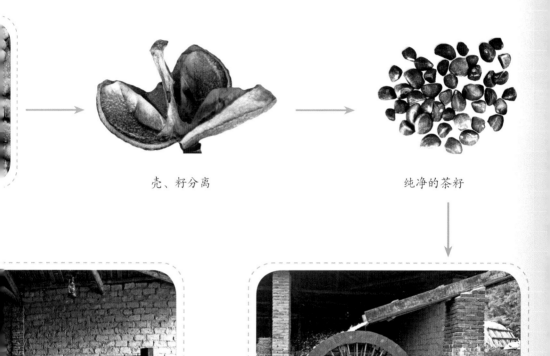

壳、籽分离　　　　　　　　　　　　纯净的茶籽

碾槽碾籽　　　　　　　　　　　水力碾籽

古老的生态法榨油工艺

油茶（树）生长在哪里

油茶*Camellia oleifera* Abel这个种又被称为"普通油茶"。它自然生长在北纬18°21′～34°34′，东经98°40′～121°40′的地理区域，我国湖南、江西、福建、广东、广西、浙江、安徽、湖北、陕西、江苏、贵州、四川、云南、台湾等省区都有分布。

油茶适应在阳光充足、土壤呈酸性、海拔500m以下的丘陵地区生长。它耐干旱、瘠薄，喜好在山地荒坡中生长，不与粮食生产"争地"，而且不用化肥、农药，是名副其实的生态食品。现在人们应用"选育"等传统遗传育种技术，培育出近200个油茶栽培品种，茶油产量大幅度提高，由原来的一亩地产10斤茶油，提高到一亩地产100多斤茶油。

在山坡上生长的油茶树

◎茶油的珍贵之处

　　茶油有许多优点，主要是：①耐储藏，不易氧化变质。②胆固醇含量极低，仅为猪油等动物油的1/30，因此食用后不会使人体血清中的胆固醇增加。③茶油中的不饱和脂肪酸含量较高，约占94%，与花生油等比较，食用后更容易被消化、吸收（见下页表）。

成分	类型	茶油（%）	橄榄油（%）	花生油（%）	菜籽油（%）	大豆油（%）
油酸 $C_{18:1}$	不饱和脂肪酸	83.3	85.0	42.7	14.0	25.1
亚油酸 $C_{18:2}$	不饱和脂肪酸	7.4	4.0	18.2	15.0	50.6
硬脂酸 $C_{18:0}$	饱和脂肪酸	0.8	0.4	5.6	0.9	4.5
棕榈酸 $C_{16:0}$	饱和脂肪酸	7.6	8.5	8.9	3.0	8.7
说明	$C_{18:0}$ 表示碳链为 18 个碳原子，没有不饱和化学键，饱和脂肪酸不易被消化、吸收；而 C_{20} 以上（碳链 20 个碳原子以上）也不易被人体消化、吸收					

◎ "饱和脂肪酸"与"不饱和脂肪酸"的区别

饱和脂肪酸的不饱和双键很少，而不饱和脂肪酸含有多个不饱和双键。不饱和双键越多，越不稳定，越容易与生物酶结合，发生"断键"而形成小分子物质。因此食用油的不饱和双键较多，容易消化、吸收；但是，不饱和双键过多，又容易氧化而导致"酸败"，油质变差，甚至不能食用。

$$R_1 - C = C - C \diagup\hspace{-0.5em}\raisebox{0.8em}{O} - oH$$

不饱和双键

不饱和脂肪酸化学结构

"芝麻开花节节高"——芝麻油

生活中食用的芝麻油，是以植物芝麻的种子为原料提取出来的。芝麻 *Sesamum indicum* L.是胡麻科 Pedaliaceae 胡麻属 *Sesamum* 的一年生草本植物，生长于印度，中国大约在汉代引入栽培，古称"胡麻"，在我国广泛栽培，历史悠久。芝麻这种植物有一个明显的特点，它是由下部向顶端逐渐开花，顶部的花开得最晚。因此，人们常用"芝麻开花节节高"来比喻生活过得越来越好。

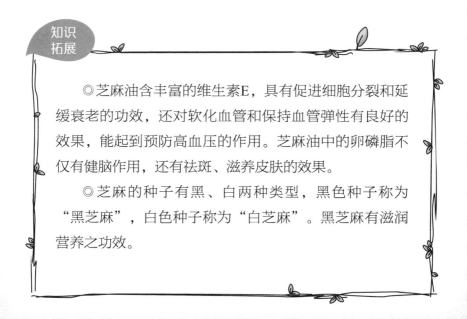

知识拓展

◎芝麻油含丰富的维生素E，具有促进细胞分裂和延缓衰老的功效，还对软化血管和保持血管弹性有良好的效果，能起到预防高血压的作用。芝麻油中的卵磷脂不仅有健脑作用，还有祛斑、滋养皮肤的效果。

◎芝麻的种子有黑、白两种类型，黑色种子称为"黑芝麻"，白色种子称为"白芝麻"。黑芝麻有滋润营养之功效。

花

果

芝麻的花
（由下而上逐步开花）

③

水果飘香

"水果"是直接食用的植物新鲜果实的总称。它们不仅含有丰富的维生素、微纤维、矿物质元素等营养物质，还含有许多生物活性酶。维生素C在70℃以上的环境中容易分解、流失，熟食中难以保存，所以，一般通过食用新鲜水果得以补充。显然，经常食用新鲜水果，有益于身体健康。

苹果

苹果*Malus pumila* Mill.是落叶乔木，果实属于"梨果"。由于果实的果肉部分不是子房发育而来，而是由花托膨大发育而来，因此是假果类型。苹果树通常生长在北方，开花期5月，果实成熟期7—10月，辽宁、河北、山西、山东、陕西、甘肃、四川、云南、西藏等省区常见栽培。

苹果是传统的水果，栽培历史悠久，其植株是著名落叶果树。我国培育了很多苹果栽培品种，如红玉、国光、白龙、元帅等，使苹果品质、产量、色泽等性状大幅度提高。如今，全世界栽培的苹果品种的数量在1000种以上。

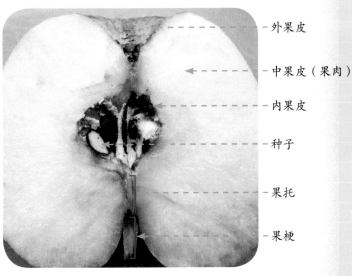

外果皮

中果皮（果肉）

内果皮

种子

果托

果梗

苹果

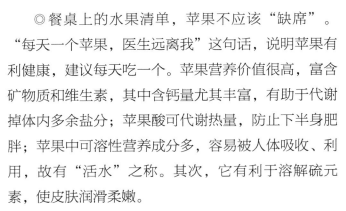

知识
拓展

◎餐桌上的水果清单，苹果不应该"缺席"。"每天一个苹果，医生远离我"这句话，说明苹果有利健康，建议每天吃一个。苹果营养价值很高，富含矿物质和维生素，其中含钙量尤其丰富，有助于代谢掉体内多余盐分；苹果酸可代谢热量，防止下半身肥胖；苹果中可溶性营养成分多，容易被人体吸收、利用，故有"活水"之称。其次，它有利于溶解硫元素，使皮肤润滑柔嫩。

◎苹果的中果皮（果肉）和内、外果皮是由花托膨大发育而来的。

樱桃

　　樱桃*Cerasus pseudocerasus*（Lindl.）G. Don是蔷薇科Rosaceae樱属*Cerasus*植物，果实属于核果，它是由子房发育而来，因此是真果类型。果实外观圆润，色泽艳丽，是世界公认的"天然维C之王""生命之果"，除了碳水化合物、蛋白质、胡萝卜素、维生素C、钙、磷、铁、钾等营养成分之外，还富含花色苷、槲皮素、堪非醇、p-香豆酸、没食子酸、紫苏醇和褪黑素等重要的天然保健功能成分。因此，被誉为"超级保健水果"，是目前经济效益最好的果树之一。现在已经培育出很多樱桃栽培品种，我国广泛栽培于河南、河北、山东、湖北、江苏、陕西等省。野生樱桃在陕西、甘肃、湖北、四川、贵州等地有分布，生长于山谷林中，海拔700~1200m。

櫻桃

猕猴桃

中华猕猴桃*Actinidia chinensis* Planch.是猕猴桃科Actinidiaceae猕猴桃属*Actinidia*的落叶藤本植物。叶纸质，近卵圆形，长6～17cm，宽7～15cm；果为浆果，由子房发育而来，属于真果类型。鲜果椭圆状，早期外观呈黄褐色，成熟后呈红褐色，表皮覆盖浓密绒毛。开花期5—6月，果实熟期8—10月。

果实因猕猴喜食，故名猕猴桃；亦有说法是因为果皮覆毛，貌似猕猴而得名。猕猴桃果实除了含有猕猴桃碱、蛋白水解酶、单宁果胶和糖类等营养物质，以及钙、钾、硒、锌、锗等微量元素和人体所需要的17种氨基酸外，还含有丰富的维生素C、葡萄酸、果糖、柠檬酸、苹果酸等，被誉为水果中的"维C之王"。

中华猕猴桃是现在市面上出售的猕猴桃的祖先种，也就是说市场上的猕猴桃是以中华猕猴桃为育种材料，经过选育而来的品种所结的果实。栽培的猕猴桃品种很多，但果实特征、枝叶性状等都与野生中华猕猴桃（祖先种）相似。

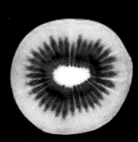

绿色品种　　　　　　　黄色品种　　　　　　　红色品种

◎猕猴桃属*Actinidia*约有55种以上，野生分布于亚洲，即马来西亚至西伯利亚东部地区。中国有野生猕猴桃52种，主要分布在秦岭以南、横断山脉以东。

◎野生中华猕猴桃是猕猴桃属中果实最大的一种。1904年，新西兰人在中国宜昌雾渡河采到野生中华猕猴桃果实，并将种子带回新西兰，送给农场主爱里生。爱里生将它驯化、栽培，然后进行"选育"，培育了不少猕猴桃品种。20世纪30年代，新西兰开始规模化种植猕猴桃。1980年，新西兰栽培猕猴桃约184500亩（123000000平方米），年产量达2万吨，并出口到中国、欧洲等地。新西兰原本没有野生猕猴桃，却发展了相当大的猕猴桃产业。

◎ "生于荒野无人问。"毛花猕猴桃*Actinidia eriantha* Benth.也是落叶藤本，全株被毛。据测定，其果实的维生素C含量是市售猕猴桃的2倍，风味更佳。它生长于荒山、路边，耐干旱，瘠薄土壤里也能生长。目前，它仍处野生状态，还没有引起很多人的注意。

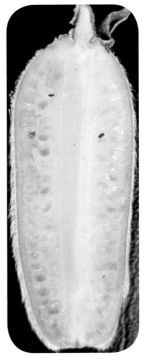

毛花猕猴桃

脐橙

　　脐橙是由甜橙人工选育而来的栽培品种，因此，甜橙是脐橙的"祖先种"。甜橙的拉丁学名为*Citrus sinensis*（L.）Osbeck。根据《国际栽培植物命名法规》，脐橙品种如"纽荷尔脐橙"的拉丁学名应该是*Citrus sinensis*（L.）Osbeck "Newhal Navel"。脐橙因果顶有脐而得名，但也有一些脐橙品种的果脐不明显。

　　甜橙是芸香科Rutaceae柑橘属*Citrus*植物。显然，脐橙也属于柑橘属的植物。脐橙的栽培品种很多，如纽荷尔脐橙、华盛顿脐橙等。脐橙主要在江西、湖南、四川、湖北等省区栽培。

纽荷
尔脐橙

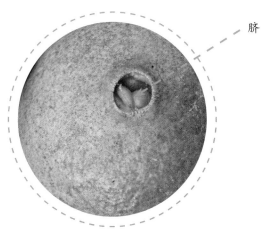

脐

脐橙园

◎甜橙生长在秦岭南坡以南各地，并广泛栽培。为甜橙定名（拉丁学名）的那份标本（模式标本）采自广州黄埔。约于1520年，葡萄牙人由中国将甜橙引入欧洲，并在那里培育了许多栽培品种，其中不少品种的果实顶部有脐，称为"脐橙"。大约在1565年，又将脐橙品种从欧洲引至美国、巴西、澳大利亚。我国栽培的脐橙品种是20世纪从美国、巴西等国外引进回来的，可谓"回归故里"。

◎由甜橙培育出来的品种分为三大品种群：普通甜橙品种群、脐橙品种群、血橙品种群。普通甜橙品种群的果皮较圆滑，果顶有时有环圈，无脐或极少有脐，果肉橙黄至橙红色，主要栽培区是中国。脐橙品种群的果顶有脐，果形较大，果皮粗糙且易剥离，主要栽培区是美国、巴西、欧洲。血橙品种群的果肉血红色或紫红色，主要栽培区是非洲北部和欧洲南部地中海沿岸各国。

◎脐橙含大量维生素C、胡萝卜素、类黄酮等天然化合物，其中维生素C含量高达54.7 mg/100g，具有提高免疫力、保护牙齿、降低脂肪、美容养颜等效果。

"东方的蓝莓"——乌饭

乌饭，又叫南烛*Vaccinium bracteatum* Thunb.，是杜鹃花科Eicaceae越橘属*Vaccinium*常绿灌木，高2~6m，俗称"乌饭"。乌饭树（南烛）的果实为浆果，成熟时紫黑色，味甜可口，富含糖、有机酸、维生素C等营养物质。它的叶和果实都是"食、药"兼备，与蓝莓有类似的保健效果，如强壮筋骨、明目、抗疲劳等作用，被称为"东方的蓝莓"。

乌饭树生长在我国台湾地区以及华东、华中、华南至西南等地区。一般生于海拔400~1400m的荒山、灌木丛中，喜光、耐寒，适应酸性土壤。

乌饭（南烛）

◎为什么叫"乌饭"

中国江南一带的民俗，在寒食节（农历四月初八）采摘乌饭树的嫩叶，用叶渍汁浸米，煮成的米饭呈黑色，称这种饭为"乌饭"或"乌米饭"。植物学中的"乌饭"是指一种植物，即"乌饭""乌饭树"，也叫"南烛"。

乌米饭

◎吃"乌饭"的习俗

中国江南在农历四月初八吃乌饭的历史悠久，据记载，公元5世纪的梁代就记载有吃乌饭的习俗。然而，畲族是农历三月初三的"乌饭节"吃乌饭。民间认为吃了乌米饭，可精神焕发，头发黝黑。

◎保健效果

乌饭的叶和果都含有槲皮素、黄酮类物质、花青素、维生素、17种氨基酸等，具有保护视网膜、增强免疫功能等独特的保健效果。其中，槲皮素的抗氧化效果为维生素C的97倍，是预防癌症的天然食品。

蓝莓

　　蓝莓与乌饭一样，也是杜鹃花科Eicaceae越橘属*Vaccinium*常绿灌木，高1~2m。蓝莓的栽培品种很多，它们的"祖先种"来源也很多。换句话说，蓝莓的栽培品种不是以一个野生种为育种材料培育而来的。目前，蓝莓的栽培品种主要有三大类：高灌蓝莓，约50个品种以上；低灌蓝莓，约20个品种；兔眼蓝莓，主要为无性系品种。蓝莓的主要栽培区是北美和欧洲。中国近几年也从国外引进栽培了一些品种。

蓝莓

蓝莓

知识拓展

◎用作选育蓝莓品种的遗传材料主要来源于北美的野生种：伞形越橘*Vaccinium corymbosum*、南方越橘*V. australis*、狭叶越橘*V. angustifolium*、绒叶越橘*V. myrtilloides*等。还有欧洲的野生种：黑果越橘*V. myrtillus*、笃斯越橘*V. uliginosum*、越橘*V. vitis-idaea* L.、红莓苔子*V. oxycoccos* L.等。其中，有些种在我国也有分布，如：黑果越橘分布于新疆，笃斯越橘分布于大兴安岭、长白山，越橘分布于黑龙江、吉林、内蒙古、陕西、新疆，红莓苔子分布于长白山。

◎蓝莓与乌饭一样，具有延缓衰老、增强免疫能力、抗癌等营养保健效果。但是，乌饭树的叶可以用来煮乌米饭食用，而蓝莓的叶目前没有被利用。

4

温暖千万家
——棉花

棉花

　　人类生存必须有御寒物。古人很早以前就发现了棉花可以用来保暖，经过不断的技术发明和革新，使棉花变成了五彩缤纷的衣服、棉被等用品。棉花是锦葵科Malvaceae棉属*Gossypium*植物，其种子表皮上的毛状纤维叫"棉"，植物学的"棉花"是指一种植物，而不是指其种子表皮上的"棉毛"。

　　现在普遍栽培的棉花品种是以陆地棉*Gossypium hirsutum* L.为育种材料培育而来的，如斯字棉、德字棉、岱字棉、柯字棉、鲁棉一号等品种。陆地棉原来生长在墨西哥，19世纪末期传入中国。因此，陆地棉的中文名称又叫"美洲棉"或"墨西哥棉"。

棉━━棉

果

花━

棉花植物

思考 ？

◎棉花是什么时候传入中国的？

棉花种植最早出现在公元前5000—公元前4000年的印度河流域。大约公元9世纪摩尔人将棉花传到了西班牙；15世纪传入英国，然后传入北美。大约2000年以前传入中国。

◎陆地棉是一年生草本植物，高0.6～1.5m。叶常3浅裂，很少为5裂。开花期在夏季或早秋。果实为蒴果，种子表皮生长出白色长棉毛（毛状纤维），棉纤维长约2～4cm。

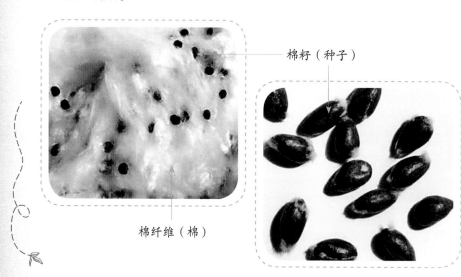

棉籽（种子）

棉纤维（棉）

棉花中的棉纤维和棉籽

彩色棉

通常人们只知道棉花的"棉"是白色的，其实自然界存在数量极少的有色棉植物个体。这种有色棉的棉花植物叫"彩棉"。彩棉的色彩是一种生物特性，可以遗传给下一代。科学家以有色棉植物为育种材料，采用杂交等生物遗传育种技术，人工培育了许许多多彩棉栽培品种，使棉的色彩更加丰富。

除了传统遗传育种外，我国新疆以天然彩色棉花植物为育种材料，通过转基因和克隆技术，获得了红、黄、蓝、黑等多个彩色棉花新品系。因此，世界首个彩棉基地在新疆生产建设兵团，那里也是"中国彩棉之乡"。

前苏联最早于50年代初开始研究彩棉；美国60年代开始研究彩棉。目前美国、埃及、阿根廷、印度等国都研究和种植彩棉。

我国彩棉的研究与开发虽起步较迟，但发展很快。目前，我国已成为世界上最大的天然彩色棉生产国。

彩色棉

　　◎彩棉的纺纱织布材料，对皮肤无刺激，有利于人体健康；可以免去繁杂的印染工序，不仅降低成本，还可以减少化学物质对环境的污染；具有抗静电、止瘙痒的功能，体现其回归自然的感觉。

　　◎识别彩棉的真伪：直接将一块彩棉面料放入40℃的洗衣粉溶液中浸泡6小时，干燥后如果色泽加深，则为真品；如果颜色褪色很明显，则不是真正的彩棉制品。

　　◎洗涤方法：彩棉的色彩源于天然色素，其中个别色素如绿、灰、褐色遇酸会发生变化，因此洗涤彩棉制品时，不能用带酸性的洗涤剂，而应选用中性肥皂和洗涤剂。

5

中华瑰宝
——中药植物

中医、中医药是中国特有的医学科学，是中华文明的重要组成部分。我国自然地形复杂，气候环境多样，孕育了丰富的中药植物资源，堪称"中华瑰宝"。

夏枯草

夏枯草*Prunella vulgariss* L. 是唇形科Labiatae夏枯草属*runella*的多年生草木植物，茎钝四棱形，高20～30cm；茎叶对生，花序下方的一对苞叶似茎叶；开花期4—6月，果成熟期7—10月。夏枯草南北都有野生分布，常见于荒坡、草地、溪边及路旁。

夏枯草

夏枯草的叶在夏天枯黄，所以称为"夏枯草"。全株可入药，有清热泻火、明目、散结消肿等功效。

石斛

石斛*Dendrobium nobile* Lindl.是兰科Orchidaceae植物石斛属*Dendrobium*草本植物，高约30cm；茎直立，且肉质状肥厚多汁，具多节。

石斛主要野生分布于我国台湾、湖北、香港、海南、广西、四川、贵州、云南、西藏等地，生长于海拔480～1700m的山地、森林中，附生在树干，或生长在岩石上。石斛属植物的化学成分主要有生物碱、多糖、香豆素、倍半萜烯糖苷、菲类化合物等。茎可入药，具有抗肿瘤、抗突变、抗血小板聚集等作用。

薛荔

薛荔*Ficus pumila* L.是桑科Moraceae榕属*Ficus*的木质常绿藤本植物，也称"凉粉果""鬼馒头"。枝、叶、果含乳汁；叶厚革质，椭圆形。一般结果枝上的叶较大，而营养枝上的叶较小。薛荔的果统称为榕果，它单生于叶腋。榕果又有两种形状：由瘿花和雄花组成的"榕果"为"果梨形"，因为果的形状似"梨"；仅由雌花形成的果为"近球形"。雄花的基部有柄，生于榕果顶部凸尖处的孔道内壁，排列成数行；瘿花也有柄，雌花的柄更长。另外，榕果也叫"隐花果"，因为雄花、瘿花或雌花都包被在由花托膨大形成的假果内部，它们像是"隐藏"起来了。

薛荔的开花期4—5月，果成熟期7—8月。薛荔主要野生生长于我国福建、江西、浙江、安徽、江苏、台湾、湖南、广东、广西、贵州、云南、四川及陕西。

薜荔

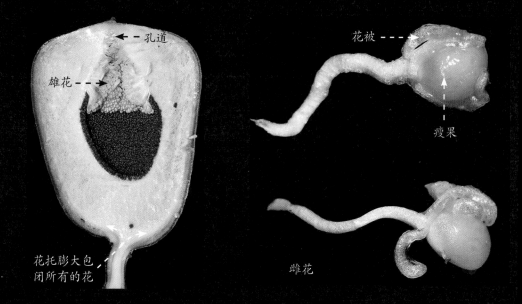

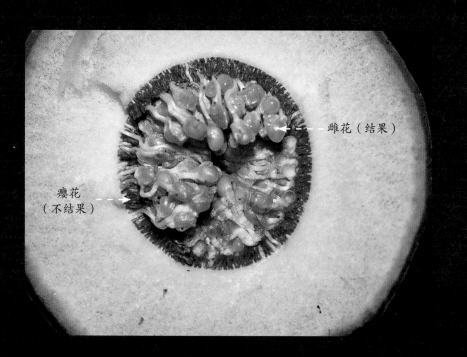

薜荔的果实

◎奇特的果实。薜荔的果实是由花序托膨大为肉质状包起来形成的，属于假果类型；果的体积较大，直径4～6cm。假果内的"瘿花"发育形成"瘦果"，其体积很小，近球形；这些细小的瘦果是真果。

◎"植物—昆虫"共生。假果的顶部有一个小凸，这个小凸是一个极细的孔道，是膜翅目Hymenoptera榕黄蜂科Agaonidae的昆虫进出通道。这些昆虫身体细小，进入假果内栖息，并帮助果内雌花传粉。

◎雌雄同株或异株。一株薜荔植物体上，同时有雌花和雄花，这叫"雌雄同株"。雌雄同株的花序托内（假果内），有三种花：雄花、瘿花和雌花；其中瘿花不结果，是昆虫栖息和传粉的场所。雌雄异株是一株植物体上只有雄花和瘿花，这两种花同生于一个花序托内（假果内），而雌花则生于另一株的花序托内（假果内）。

◎民间食品。薜荔的果实富含果胶，可用于制作食用凉粉。将假果内的小果实捣碎，放入纱布袋，加矿泉水揉搓，不需添加任何物质，便会自行凝结，形成半透明的凉粉，有清热、解毒功效。

七叶一枝花

七叶一枝花*Paris polyphylla* Sm.是百合科Liliaceae重楼属*Paris*草本植物。高35～100cm，无毛；根状茎粗厚，直径1～2.5cm，密生多数环节和许多须根。叶5～10枚，长7～15cm，宽2.5～5cm，果实为蒴果。主要野生分布于西藏、云南、四川、贵州；广东、广西、浙江、江苏等东部、南部地区的是变种华重楼*Paris polyphylla* Sm.var *chinensis*（Franch.）Hara。

重楼属（七叶一枝花属）约有10种，野生生长于亚洲、欧洲的温带和亚热带地区。中国约7种、8变种。七叶一枝花的根状茎可入药，具有抗癌、消肿止痛、清热定惊、镇咳平喘功效，其味苦、性凉，具有轻微毒性。

七叶一
枝花

根状茎

胀果甘草

胀果甘草*Glycyrrhiza inflata* Batal. 是豆科Leguminosae甘草属*Glycyrrhiza*多年生草本植物，药效与甘草*uralensis* Fisch 一样。高30～120 cm，叶为羽状复叶，果实为荚果。胀果甘草的根和根状茎是最常用的中药，含有三菇皂贰、香豆素、挥发油、菌醇、黄酮、生物碱、有机酸、糖类、氨基酸等化合物，其中三菇皂贰类和黄酮类是其主要的药用成分，具有解毒、抗炎、镇咳、抗肿瘤、抗溃疡、抗菌等效果，此外，胀果甘草还具有防沙固沙、改良土壤、防止水土流失及改良生态环境等作用。胀果甘草野生分布于华北、西北的干旱沙地。

胀果甘草

益母草

益母草*Leonurus artemisia*（Lour.）S. Y. Hu是唇形科Labiatae益母草属*Leonurus*的一年生草本植物。茎有四棱，被糙伏毛；叶掌状3裂，背面具疏柔毛及腺点。开花期6—9月，果成熟期9—10月。我国各地有分布，生长于荒地、田埂、草地等，喜阳光。益母草全株可入药，味苦、辛，性微寒，有活血调经，利尿消肿，清热解毒之功效。但益母草对孕妇具有副作用，孕妇禁止使用益母草；另外，肾虚之人也忌用益母草。

益母草

罗汉果

罗汉果*Siraitia grosvenorii*（Swingle）C. Jeffrey ex Lu et Z. Y. Zhang是葫芦科Cucurbitaceae罗汉果属*Siraitia*的一年生攀援草本植物。茎稍粗壮，有棱沟，被柔毛。雌雄异株。果实近球形，长6～11cm，宽4～8cm，果皮较薄，干后易脆。开花期5—7月，果期7—9月。由于罗汉果的根多年不死，因此地上部分的茎、叶枯死后，第二年又从根上萌生出新的罗汉果藤本。罗汉果生于海拔400～1400m的山坡林下及河边湿地或灌丛中。野生分布于广西、贵州、湖南南部、广东、江西南部；其中广西将其作为重要经济植物栽培。

罗汉果

◎罗汉果的果实营养价值高，含有丰富的蛋白质、维生素C、葡萄糖、果糖及三萜皂甙甜味物质，入药，味甘甜，甜度比蔗糖高150倍，有润肺、祛痰、消渴的作用，同时也可做清凉饮料，能润肺解燥；叶子晒干后临床用以治慢性咽炎、慢性支气管炎等。

◎天降虫灾，神农尝百草以寻良方，如来佛祖怜悯神农之苦，特派十九罗汉下凡，以解神农氏之难。其中有一罗汉发愿，要灭尽人间虫灾。遂化身为果，蕴意罗汉所修之果，后简称为罗汉果。

何首乌

何首乌*Fallopia multiflora*（Thunb.）Harald. 是蓼科Polygonaceae何首乌属*Fallopia*的多年生草质藤本植物。其块根肥厚，黑褐色，入药；叶长3～7cm，宽2～5cm，叶柄基部有紧包叶柄的膜质托叶鞘。块根入药，有安神、养血、活络等功效。何首乌野生分布于陕西南部、甘肃南部、华东、华中、华南、四川、云南及贵州；常见于海拔200～3000m的山谷、山坡林下以及沟边石隙。

知识拓展

◎何首乌的块根中含有卵磷脂，这种成分是构成神经组织、血球及其他细胞膜的重要原料，并能促进血细胞的新生及发育。因此，可以改善毛发的营养，促进新陈代谢，防止白发早现。

◎为什么叫何首乌呢？一是长期食用这种植物能使白发变黑，便取名"何首乌"；二是其块根似"人首"，起源于一位名为"何首乌"的人的民间传说。

何首乌
植物

块根

叶鞘

何首乌

6
城市园林植物

植物是城市的"肺"，它们释放氧气，吸收二氧化碳，还吸尘、遮阴，起到了净化环境的作用，为人类的生活带来许许多多的益处。其实，任何植物都有自己的故乡，它们的故乡在不同气候带的森林或荒野中。人类为了改善城市环境，于是通过驯化野生植物，或以野生植物为遗传材料，选育新品种，使它们能够更好地适应在城市生长，成为美化城市的植物。虽然植物在驯化、培育后变成了适应城市环境的品种，但是，这些品种还保留了原来野生状态下的某些重要习性，比如，热带地区的品种不适应在温带生存，因为温带地区冬季的气温很低，它们将遭受冻害，甚至被冻死。这个重要的习性是遗传所决定的，人类对它们的驯化、选育、栽培，只能适当改变其遗传，而不能完全重建其遗传结构。明白这个道理之后，我们就知道在城里栽树、种花也要遵循科学原理，不能随意栽植。当然，也有少数植物适应性较强，可以跨气候带种植。显然，城市园林植物的种植设计不完全是艺术或人文，其中不乏科学规律。一个经得起考验和传承的园林作品，不仅给人以艺术美的享受，而且是文化与自然地理特征的融合、展现，寓意深远。

热带风情

大王椰

　　棕榈科Palmae的植物约2800种，主要野生分布于热带，少数延伸到亚热带。大王椰*Roystonea regia*（Kunth）O. F. Cook 是棕榈科Palmae王棕属*Roystonea*的乔木植物，挺拔、通直，栽培于热带或南亚热带城市。

大王椰

鸡冠刺桐

鸡冠刺桐*Erythrina crista-galli* L. 是豆科Leguminosae刺桐属*Erythrina*，落叶小乔木。枝条、叶柄及叶脉上均有刺。花为蝶形花，花红色或橙红色，旗瓣大而倒卵形，盛开时开展如佛焰苞状。鸡冠刺桐开花期间，像挂满了一串串美丽的"鸡冠"，故名"鸡冠刺桐"。

鸡冠刺桐的原生地是巴西、阿根廷；我国华南各地引进栽培，主要用于庭园、公园、公共绿地、盆景等观赏。

鸡冠刺桐

榕树

榕树*Ficus microcarpa* L. 是桑科Moraceae榕属*Ficus*的常绿乔木。树干、枝有下垂的气生根。叶互生，全缘，基生三出脉；隐头花序球形，无总花梗。开花期5月，果成熟期9—10月。榕树自然生长的北界是北纬27°，越过此界以北地区栽培将受冻害或被冻死。

榕属*Ficus*约有1000种，主要分布在热带地区。热带、南亚热带的自然地理特点在棕榈科、桑科榕属的植物上得到了典型性展现。

榕树

巴西野牡丹

巴西野牡丹*Tibouchina semidecandra*〔Mart.et Schrank ex DC.〕Cogn. 是野牡丹科 Melastomataceae光荣树属 *Tibouchina*，常绿灌木，高30～100cm。叶对生，花冠紫蓝色。全年都有果实留在树上，果实类型是球形蒴果。由于花色艳丽、开花量大、四季开花，观赏价值较高，我国南亚热带的城市引进后，主要栽培于公园、庭院。

巴西野牡丹

旅人蕉

旅人蕉*Ravenala madagascariensis*是旅人蕉科Strelitziaceae旅人蕉属*Ravenala*的常绿乔木状多年生草本植物，高约10m，茎直立，不分枝。叶分为两纵列排于茎顶，呈扇状，似树非树，实为草本，叶片形如芭蕉树，尽展热带风情。

旅人蕉原生地是非洲马达加斯加。由于旅人蕉的叶鞘呈杯状，能贮存大量水，且这些贮存水可饮用，可为旱漠旅行者提供应急用的水，故得名"旅人蕉"。

旅人蕉

火焰树

火焰树*Spathodea campanulata* Beauv. 是紫葳科Bignoniaceae火焰树属*Spathodea*，常绿乔木，高达10m。奇数羽状复叶，花色红色，伞房状总状花序。花冠一侧膨大，基部紧缩成细筒状，内部具橘红色。蒴果长达15～25cm。种子具翅、近圆形。由于火焰树开花时花朵多而密集，花色猩红，花姿形如火焰，因此叫"火焰树"，是珍贵的观赏树种。

火焰树的原生地是非洲，喜高温，适应生长在23℃～30℃的热带、南亚热带地区，我国华南地区引进多栽培于公园，是重要的观赏树种。

火焰树

大花紫薇

大花紫薇*Lagerstroemia speciosa*（L.）Pers. 是千屈菜科Lythraceae紫薇属*Lagerstroemia*，半常绿乔木，高5～10m；花紫红色，圆锥花序长15～25cm，花序轴、花梗和花外面密被黄褐色毡毛。热带地区多有栽培，我国华南的一些城市引进后主要栽培于公园、庭院，或作街道行道树。

大花紫薇

红边朱蕉

红边朱蕉*Cordyline terminalis* Kunth. "Red Edge"是朱蕉的一个栽培品种，朱蕉是龙舌兰科Agavaceae朱蕉属*Cordyline*，常绿灌木植物，叶聚生于茎顶，叶长片剑状，革质或刚硬状，叶边缘红色或叶片红色，喜热带气候。

红边朱蕉

亚热带的神韵

樟树

樟树*Cinnamomum camphora*（L.）Presl.是樟科Lauraceae樟属*Cinnamomum*的常绿乔木，枝、叶和木材都有樟脑气味，可制樟脑；果球形，紫黑；开花期4—5月，果成熟期8—11月。广泛分布于亚热带地区，生长在沟谷、村前屋后等土壤湿润的环境。是亚热带城市景观的主要树种，反映了亚热带的自然、文化特征。

城市森林：樟树林景观

枫杨

枫杨*Pterocarya stenoptera* C. DC.是胡桃科 Juglandaceae枫杨属*Pterocarya*的落叶乔木，叶为偶数羽状复叶，坚果具2翅。亚热带地区的水域岸边都有分布，形成亚热带城市中江河、湖泊边的特殊景观，展现了江南"清、秀"的神韵。

全缘叶栾树

全缘叶栾树*Koelreuteria bipinnata* Franch. var. *integrifoliola*（Merr.）T. Chen，也叫"黄山栾树"，是无患子科Sapindaceae栾树属*Koelreuteria*的落叶乔木。羽状复叶，小叶通常全缘；蒴果具3棱，淡紫红色或淡黄色，观赏性极高。开花期7—9月，果期8—12月。野生分布于亚热带地区。

全缘叶栾树

"活化石"水杉

水杉*Metasequoia glyptostroboides* Hu et Cheng是杉科Taxodiaceae水杉属*Metasequoia*的落叶乔木。第四纪初期广布，中、后期由于多次出现"间冰川期"几乎灭绝，20世纪50年代发现湖北省利川县谋道乡磨刀溪仍有野生分布，由我国植物学家胡先骕和郑万钧命名发表。现在，亚热带城市普遍栽培。水杉有"活化石"之称。它对于古植物、古气候、古地理和地质学及裸子植物系统发育的研究有重要意义。

水杉秋色

蜡烛果

蜡烛果*Aegiceras corniculatum*（Linn.）Blanco在广东叫红蓢、桐花树，它是紫金牛科Myrsinaceae蜡烛果属*Aegiceras*的灌木或小乔木，高1.5～4m；叶互生，但在枝条顶端近对生，叶片革质，顶端圆形或微凹，全缘，边缘反卷。伞形花序生于枝条顶端，有花10余朵；花冠白色，钟形。蒴果呈豆角状，弯曲似月形，顶端渐尖，长约6～9cm，宿存萼紧包基部。开花期12月至第二年2月，果成熟期10—12月。

蜡烛果是红树林组成树种之一，有时发展成纯林；在深圳主要分布南澳岛等海边潮汐地带，我国广西、福建及南海诸岛都有野生分布，是海岸生态系统的主要支撑者，具有防风、防浪等保护海岸线的重要作用。

蜡烛果

木麻黄

木麻黄*Casuarina equisetifolia* Forst.是木麻黄科Casuarinaceae木麻黄属*Casuarina*乔木，高可达30m。木麻黄属于被子植物，小枝灰绿色、柔软下垂，枝上具节，形似木贼。叶退化为鳞片状（鞘齿），围绕在小枝每节的顶端，鳞片状叶每轮通常6～8枚，三角形，长仅为1～3mm，而且紧贴枝条。花为雌雄同株或异株；雄花序几无总花梗，棒状，长1～4cm；雌花序顶生于近枝顶的侧生短枝上。果序长1.5～2.5cm，直径1.5～2cm，两端近截平或钝，小坚果连翅长4～7mm。开花期4—5月，果成熟期7—10月。

木麻黄的原产地是澳大利亚和太平洋岛屿。深圳海岸附近有栽培，由于它生长快，根系扩展得深、广，又具有耐干旱、抗风沙、耐盐碱的特性，因此成为热带海岸防风、固沙的优良先锋树种。我国广西、福建、台湾等沿海地区普遍栽植。

木麻黃

灰莉

灰莉*Fagraea ceilanica* Thunb. 是马钱科Loganiaceae灰莉属*Fagraea*，灌木或小乔木，叶片较厚，具"肉质感"。花白色，花单生或组成顶生二歧聚伞花序。果实类型是浆果，近圆球状，顶端有尖喙，种子肾形；果成熟期为7月至第二年3月。

分布于我国云南、广西、海南，甚至东南亚、大洋洲等地区。由于灰茉莉适应石灰岩地区的偏碱性土壤，而且具有较强的抗大气污染能力，因此常作为环保植物栽培于公园、庭院、室内。

灰莉

温带的优雅

垂柳

垂柳*Salix babylonica* L.是杨柳科Salicaceae柳属*Salix*的落叶乔木。杨柳科在我国约320种，大多数种类野生分布于北方温带地区。每当春天到来，垂柳青春优雅，成为北方温带地区一道美丽的风景线。

垂柳

槐与松

槐树*Sophora japonica* L.是豆科Leguminosae槐属 *Sophora* 的落叶乔木，也是优良的蜜源植物。油松*Pinus tabulaeformis* Carr.是松科Pinaceae松属*Pinus* 的常绿乔木，分布于北方温带地区。槐树主要野生分布于北方，其羽状复叶长达25cm。秋天，金黄色的槐叶与挺拔青翠的油松相映成趣。

槐树—油松林景观

栾树

栾树*Koelreuteria paniculata* Laxm.是无患子科Sapindaceae栾树*Koelreuteria*属的落叶乔木，羽状复叶，聚伞圆锥花序长25～40cm，花黄色，蒴果圆锥形具3棱，开花期6—8月，果成熟期9—10月。栾树主要分布于北方，春季观花，秋季观果，是反映温带城市自然地理特点的景观树种之一。栾树在南方也可栽培，但长势不如在北方。栾树的叶、花可做染料。

栾树

银杏

银杏*Ginkgo biloba* L.是银杏科 Ginkgoaceae银杏属*Ginkgo*的落叶乔木。叶扇形，雌雄异株，花单性，开花期在3—4月，种子成熟期在9—10月。银杏为中生代子遗的稀有树种，也是中国特有植物，野生极少见到。据记载，浙江天目山有野生分布，生于海拔700～1000m的地方。银杏的叶是北方城市景观自然与文化的融合，虽然南、北都可以栽培银杏，但北方的银杏颜色更均匀一致、色彩更鲜艳，展现了温带的自然气候特点。

银杏秋色

万紫千红

火炬树

火炬树*Rhus typhina* Nutt是漆树科Anacardiaceae盐肤木属*Rhus*的落叶乔木，雌雄异株，锥形花序着生在枝顶，形似火炬而得名。开花期6—8月，果期9—11月，原生地是美国温带地区。火炬树是一种秋色叶植物，秋后树叶变红，其花序巨大、鲜红，美丽壮观。1959年由中国科学院植物研究所引种，我国北方地区有栽培。

火炬树

欧洲七叶树

欧洲七叶树*Aesculus hippocastanum*为七叶树科Hippocastanaceae叶树属*Aesculus*的落叶乔木，高25～30m；掌状复叶对生，圆锥花序顶生，长20～30cm。开花期5—6月，果成熟期9—10月。欧洲七叶树树冠宽阔，树形雄伟，花序美丽，是世界四大行道树之一。它的原生地是欧洲希腊、阿尔巴尼亚。我国引种后在上海和青岛等城市栽培。

欧洲七叶树

紫娇花

紫娇花*Tulbaghia violacea*是石蒜科Amaryllidaceae多年生常绿草本植物，原生地是非洲。紫娇花高30~50cm，具有肥厚的鳞茎，叶半圆柱形，中央稍空，长约30cm，宽约5mm。花葶直立，花紫色，有香味，伞形花序，蒴果三角形，花期3—7月。

紫娇花茎直立，花色纯正，具香味，且花期长，可从3月下旬开花至7月，是夏季极具观赏价值的冷色系观赏花卉，在炎炎夏日的城市里，能给人们带来清新的感觉。因此，它被誉为"夏日清凉花"。

紫娇花

叶子花

叶子花*Bougainvillea spectabilis* Willd.是紫茉莉科Nyctaginaceae叶子花属*Bougainvillea*，别名簕杜鹃、三角梅，灌木状藤，具攀缘性。枝下垂，叶腋内生有一枚钩刺；花顶生于枝条顶端的3个苞片内，这3枚苞片好像一片叶子，宽大、鲜艳，是观赏的主要部位；苞片内长了3枚"小柱"状的东西，这才是真正的花。由于宽大的苞片色彩鲜艳、形似叶片，故称其为"叶子花"。那些艳丽的叶状苞片能吸引昆虫前来帮助授粉，这也是植物生存、繁衍的一种智慧。

叶子花原产于巴西，现在广泛栽培于热带及亚热带地区；中国南方常用于花篱、棚架、花坛、花带的植物配置，独具风姿。

叶子花

巴西鸢尾

巴西鸢尾*Neomarica gracilis*（Herb.）Sprague是鸢尾科Iridaceae巴西鸢尾属*Neomarica*的多年生草本，株高30～40cm。叶片排列呈2列；花紫蓝色、白色花色。繁殖方式很奇特，即植株会不断产生新的花朵，在开花后，又从花鞘内长出小苗；小苗越长越大，压弯花葶，最后下弯至土面，在土壤中生根并长成新的植物体。巴西鸢尾的原生地是巴西、墨西哥；喜阴，因此，我国引进后多种植于公园荫蔽处的路边、水岸边、花径旁、花坛里作观赏植物。

巴西鸢尾

射干

射干*Belamcanda chinensis*（L.） DC.是鸢尾科Iridaceae
射干属*Belamcanda*，多年生草本。茎直立，高40～120cm。花
橙黄色，花瓣散生暗红色斑点。蒴果倒卵圆形，果成熟期7—
9月。生长于我国各省区的山坡、草地、沟谷等环境。主要用
于花径、公园路边、庭院等园林配置。射干的根茎还具有药
用价值，有清热解毒、消痰、利咽之功效。

射干

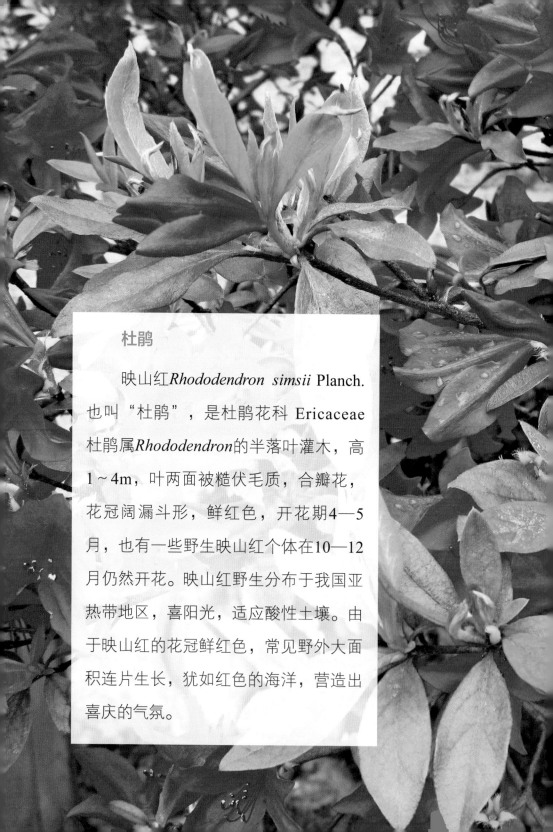

杜鹃

映山红*Rhododendron simsii* Planch.
也叫"杜鹃"，是杜鹃花科 Ericaceae
杜鹃属*Rhododendron*的半落叶灌木，高
1～4m，叶两面被糙伏毛质，合瓣花，
花冠阔漏斗形，鲜红色，开花期4—5
月，也有一些野生映山红个体在10—12
月仍然开花。映山红野生分布于我国亚
热带地区，喜阳光，适应酸性土壤。由
于映山红的花冠鲜红色，常见野外大面
积连片生长，犹如红色的海洋，营造出
喜庆的气氛。

映山红

争奇斗艳的杜鹃花

中国是野生杜鹃属植物的起源中心，全球的野生杜鹃约1000种，中国有594种，约占全球野生杜鹃种类的60%，而且许多古老的类群生长在我国云南、西藏。17—19世纪，外国殖民者来到中国采集野生杜鹃花种子和标本，带回欧洲，然后培育了许多园艺新品种。全球栽培的杜鹃花约有8000个品种，如"卢特雷""吉尔伯特"等，可谓万紫千红、争奇斗艳。

"卢特雷"品种是杜鹃花科Ericaceae杜鹃属*Rhododendron*的栽培品种，从欧洲引进后，在中国又培育了许多新品种，这个栽培品种的一系列新品种具有很高的观赏价值，我国南北都可以栽培。

"卢特雷" 品种

"吉尔伯特"品种是杜鹃花科Ericaceae杜鹃属*Rhododendron*的栽培品种，由欧洲培育而成，后传入日本，又与日本的"久留米"杜鹃杂交，培育了许多新品种。我国从日本引进后也进行了杂交育种，培育了新品种"秋霞"。

"秋霞"品种

丝线吊芙蓉（毛棉杜鹃）

丝线吊芙蓉（毛棉杜鹃）*Rhododendron westlandii* Hemsl 是杜鹃花科Ericaceae杜鹃属*Rhododendron*的常绿灌木或小乔木，高2~8m。叶革质，集生枝端，两面无毛。近伞状花序生于枝条顶部的叶腋，花冠淡紫色、粉红色或淡红色，漏斗形，长4.5~5.5cm，5深裂，雄蕊10枚。蒴果圆柱状，长3.5~6cm。开花期3—4月，果成熟期10—11月。

丝线吊芙蓉在深圳梧桐山大面积分布，每到开花季节，形成花的海洋。我国江西、福建、湖南、广西、四川、贵州和云南虽然也有野生分布，但少有梧桐山那般壮观。

丝线吊芙蓉（毛棉杜鹃）

后　记

从启蒙科学走向公众科学

　　我们身边生长着琳琅满目的植物，植物的生命活动中不仅蕴含许多科学知识，还有许多有趣的奥秘，我们唯有不断地探索才能逐步揭开这些"谜团"。"植物与生态家园系列丛书"一共四分册，分别是《植物的生命》《生活中的植物》《生态与植物》和《植物科学的未来》。《植物的生命》带领读者们进入植物生命的秘密，能使人产生许多想象和疑问，这也许是萌生探索之意的肇启。我们天天都要跟植物打交道，从吃的粮食到呼吸的氧气，还有天然的植物药材，再到环境净化等等，人类的衣食住行都离不开植物。在《生活中的植物》一书中我们认识生活中的植物，了解植物方面的科学知识。植物是生态环境的主要缔造者之一，从《生态与植物》开始将读者引入广袤的科学领域，许多植物与生态现象令人叹为观止，能使读者萌生跃跃欲试的探索之念，为当今生态危机或生态风险的化解提出科学观点。不论社会如何进步，科学技术如何迅速发展，植物在人类生活中依然是不可缺少的重要生物资源。人们也许会问：未来的植物科学将会如何？虽然这是一个难以回答和预测的问题，但是，立足于当今的发展趋势，不妨做一些窥斑见豹的探讨，《植物科学的未来》或许可以帮助读者思考更多植物在未来生活中的应用。

自然科普读物按内容的深浅一般可分为三种类型：一是"儿童画"式的读物，比较浅显、美观，吸引儿童的注意力；二是小知识，如专谈健康，或谈饮食，或谈花草等等，涉及各方面的知识，不同人群可以从这类读物中各取所需；三是"启智生萌"的读物，读后顿觉"豁然"，启发智慧，或使读者萌生某些奇异遐思，或暗下决心，如把魏格纳的"海陆起源"写成了科普读物，言简意赅，通俗易懂，读后能领会地球发生地震、火山的原理，这样的科普读物影响了许多人，尤其是青少年。"植物与生态家园系列丛书"的定位跳出了一般的科普读物范围，由植物学家将科学知识由浅入深地介绍给读者，通过知识拓展和问题思考等，让学者与大众共同探讨植物科学有关生活的问题，让公众也能了解和切身体验这些科研项目。

出版"植物与生态家园系列丛书"，是我们从启蒙科学走向公众科学的一次全新的尝试，作为植物与生态的研究者，我们真诚地邀请各位读者通过阅读本书参与到探索植物科学这一领域的项目中来。

《生活中的植物》由李莉（江西省宜春市第九中学教师）、刘仁林（江西赣南师范大学生命科学学院教授/博士；中国植物学会会员江西省植物学会副理事长）共同写作完成。在此，特别感谢为本书提供照片的各位先生、同仁：河南省小麦研究所提供小麦近成熟、成熟的照片；河南农业大学闫双喜先生提供小麦小麦田、小麦青苗照片；中南林业大学李家湘先生提供水杉秋色景观照片；上海上房园林植物研究所申瑞雪提供火炬树、欧洲七叶树、紫娇花的照片；赣南师范大学中-美联合实验室程淑媛提供杜鹃"秋霞"品种的照片。其余照片由刘仁林提供。另外，感谢唐忠炳（中国科学院庐山植物园）对书稿的校核工作。

刘仁林

2021.8.12

生态与植物

ECOLOGY AND PLANT

刘仁林　王　娟

著

深圳报业集团出版社

植物与生态家园系列丛书

Series of Plants and Ecological Homeland

图书在版编目（CIP）数据

生态与植物 / 刘仁林，王娟著. —深圳：深圳报业集团出版社，2021.8

（植物与生态家园系列丛书）

ISBN 978-7-80709-947-5

Ⅰ．①生… Ⅱ．①刘… ②王… Ⅲ．①植物生态学—普及读物 Ⅳ．①Q948.1-49

中国版本图书馆CIP数据核字（2020）第271043号

出 品 人：胡洪侠
策划编辑：孔令军
责任编辑：彭春红
技术编辑：何杏蔚　魏孜文
封面插图：出　离
封面设计：吴丹娜
版式设计：友间文化

植物与生态家园系列丛书

生态与植物

Shengtai yu Zhiwu

刘仁林　王　娟　著

出版发行：深圳报业集团出版社（深圳市福田区商报路2号　518034）

印　　制：深圳市德信美印刷有限公司

经　　销：新华书店

开　　本：787mm×1092mm　1/16

总 字 数：282千字　　总 印 张：35.25

版　　次：2021年8月第1版　2021年8月第1次印刷

ISBN 978-7-80709-947-5

总 定 价：120.00元（共四册）

带上这本书，走向自然

　　说到植物，我们并不陌生，我们身边生长着各种各样的植物。它们有的是旅行者眼中一道美丽的风景；有的是老饕餐盘中一道美味佳肴；有的燃烧了自己为人类的工业化进程贡献热量；有的成排成列站成一道遮挡风沙、洪水的绿色屏障……它们是风景，是菜肴，是能源，是屏障……你可曾想过，植物也是生命？它们以独特的生命形式居住在这个星球上，是"人口数量"第一大类群，它们有各自的"外貌"与"性情"，也有"衣、食、住、行"，在阳光雨露的滋养中它们也在蓬勃向上生长，积极构筑属于自己的"家园"。

　　在人类工业化的进程中，人类为了一己私欲侵占剥夺了许多植物的家园，让它们失去了立锥之地，然而人类与植物共生在同一个星球上，实在是息息相关、休戚与共，当温室效应引发全球变暖，极端天气频发，病毒、山火、暴雨、洪水、龙卷风在一夕之间将人类的家园摧毁殆尽时，我们感到了切肤之痛，不得不深思人类该如何与自然万物和谐共生。其实人类的家园与植物的家园并不矛盾，当我们将植物当作一种生命来尊重、来理解时，我们会发现，人类是可以和植物和谐共存，构建一个美好家园的。

"植物与生态家园系列丛书"一共四分册，分别是《植物的生命》《生活中的植物》《生态与植物》和《植物科学的未来》，该系列书为读者一键切换视角，从植物的角度出发，从一颗种子的成长开始，引领大家走进植物的世界。我们期待以新颖的视角、生动的语言与精美的图片让晦涩难懂的植物学知识不再局限于课本或科研论文中，而是能来一次"出圈"，把解开植物生态秘密的钥匙交给读者，让所有人都能成为植物的欣赏者、观察者，甚至是研究者。

　　党的十九大以来，国家对生态文明建设提出了一系列新思想、新目标、新要求和新部署，为建设美丽中国提供了行动指南，更是首次把美丽中国作为建设社会主义现代化强国的重要目标。建设美丽中国是国家对人类文明发展规律的深邃思考，突出了发展的整体性和协同性。作为科研工作者，我们更感肩上的使命与责任之重大，我们希望通过这套丛书能将人与自然和谐共生、良性循环、全面发展、持续繁荣的生态精神带给读者，把建设美丽中国的期盼播种到读者心中。

　　在此感谢为这套书的出版一起努力、提供素材和帮助的各位同仁。我们一同期待读者们能有一次愉快的阅读体验，并通过阅读，将目光聚焦给我们身边的植物，学会观察它们、理解它们、尊重它们、欣赏它们。

编者

2021.08

CONTENTS 目录

植物生活在各种各样的环境中，并与人类以及其他生命形成错综复杂的相互关系。"生态"就是生命与生命、生命与环境之间自然形成的各式各样的关系综合。生态学是一门探索这些关系并发现其科学规律的学问。生态技术是为解决具体生态问题所创造出来的技术系统。

　　生态家园中的植物在水、碳、氧等生态循环中，以及在生物多样性、生态文化和生态规律中扮演着重要的角色，发挥着重要作用。

1

植物与生态循环

植物与水的大、小循环

植物与水循环

植物像其他生命一样离不开水，生态环境中的水有一定的循环规律，森林具有促进水循环的作用。

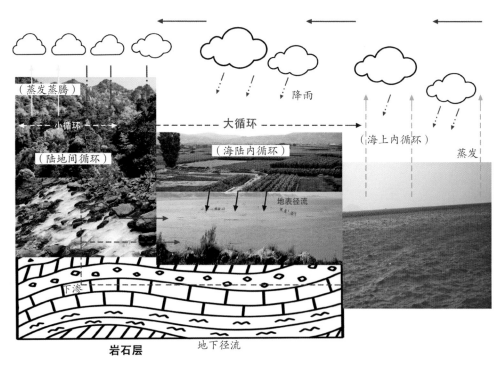

水的循环

森林植物的蒸腾作用将土壤中的水分通过叶片散发到空气中，增加了空气中的湿度。随着水分子持续向上运动，离地面越来越高，温度逐渐下降，一旦有合适的凝结核存在，水分子便附着在凝结核上，水滴半径逐渐增大，直至形成雨滴落下。一般森林、山区的降雨量和降雨次数多于邻近非林区。由于降水由地下岩层进入河流、海洋，这个过程需要很长时间，因此，河流在干旱季节仍能保持水流不断，保障了下游居民的生活用水和生产用水。显而易见，保护森林，特别是保护大江大河上游的森林十分重要。

森林植物将土壤中的水分通过蒸腾作用散发到空气中，然后又降雨回归给土壤，这个循环叫"水的小循环"。从海洋蒸发的水分上升到天空形成积雨云，再吹向陆地（包括森林、山区），然后降雨，进入河流或通过地下回归到海洋，这个循环叫"水的大循环"。

植物防止水土流失

森林不仅可以增加降雨，而且由于林冠层及其下面的灌木和草本可以有效地减弱雨滴冲刷地表，再加上地面上的枯枝落叶吸水和植物根系的固土作用，因此，森林植物能有效地防止水土流失。如果森林遭到严重破坏，降雨（特别是暴雨）过度冲刷地表土壤，会使土壤随水进入河流，发生水土流失，并造成河床抬升、淤塞，从而导致洪水泛滥，危害农田、环境和人类。因此，保护森林，恢复森林生态系统是防止水土流失等自然灾害的主要途径。

森林遭到破坏后造成水土流失

◎降雨需要满足三个条件：饱和的空气湿度（水分）、凝结核、较低的温度。

凝结核是存在于空气中的细小水珠、尘埃微粒、无机盐微细颗粒等。因此，降水的雨滴不能直接饮用，而经过岩石层过滤的泉水可以直接饮用。

◎如果海洋上空形成的积雨云变成强大的热带气旋，便形成台风或飓风。

我国西北地区的广大沙漠不是因为森林遭到破坏造成的，而是缺水造成的。由于那里地处内陆，距离海洋（主要是太平洋、地中海）很远，海洋上空的暖湿气流很难到达那里，致使气候非常干旱，只有少数耐旱的矮小植物如骆驼刺 *Alhagi sparsifolia* Shap.、甘草 *Glycyrrhiza uralensis* Fisch.等生长在这种环境里。

植物遭受酸雨的危害

酸雨（Acid rain）是指被大气中酸性气体污染的降水，其pH值小于5.6。酸雨是怎样形成的呢？工业锅炉烧煤、火力电厂燃煤、大量的生活烧煤等排放出大量的二氧化硫（SO_2），还有汽车尾气排放氮氧化物（NO_x）。另外，煤在燃烧过程中产生的高温使空气发生部分化学变化，氧气与氮气化合，也排放氮氧化物气体。SO_2和NO_x气体在降水过程中溶于雨滴，并与水结合形成了硫酸和硝酸，使雨水的pH值小于5.6，这便形成了酸雨。一般SO_2和NO_x越多，雨水的酸性越强。

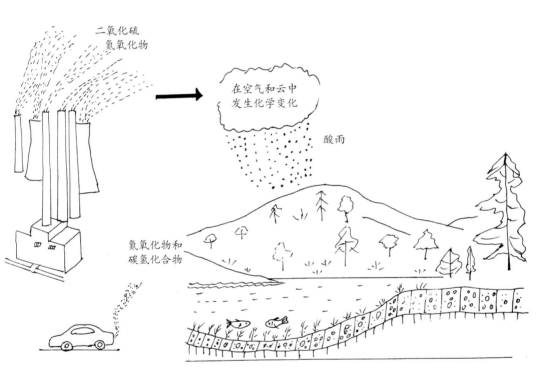

二氧化硫
氮氧化物

在空气和云中
发生化学变化

酸雨

氮氧化物和
碳氢化合物

酸雨形成过程

◎酸雨的酸性较强，不仅使森林大面积枯死，而且会加速土壤营养元素的流失，改变土壤结构，导致土壤贫瘠，影响植物正常发育，使农作物大幅度减产。

◎酸雨危害人体健康，会使人们免疫功能下降，还可使人们眼部、呼吸道患病率增加。

◎酸雨使建筑物墙面变黑，这种情况称为"黑壳效应"。

◎我国是仅次于欧洲、北美的第三大酸雨区。我国酸雨主要分布在四川、贵州、湖南、湖北、江西、福建以及广东等省。华北较少观测到酸雨沉降，其原因可能是北方的降水量少，空气湿度低等；但SO_2和NO_x附着在尘埃微粒上形成的雾霾在华北地区较常见。

遭酸雨危害的森林

用植物净化污水

大自然中存在一些喜好生长在污水中的植物，它们不仅吸收污水中的有毒物质如重金属元素、氯化物、皂水等，而且具有分解、络合、吸收这些污染物，达到净化水体的功效。人类已经找到了这样一些植物，用于生活污水的净化。这方面的工程技术叫"湿地污水净化与设计"技术，这种技术不仅不会产生二次污染，还不需要消耗电能，又有美化、绿化环境的效果，且成本也比常见的污水处理厂（物理、化学方法）成本低。

村落生活污水用管道集中排入湿地植物净化系统，依次经过：一级生物氧化塘→各级潜流湿地景观→垂直沙滤池→净化后的排水渠→进入河流。

经检测，经过植物净化的水质达到国家排放标准，便可以直接排入河流或农田。

湿地植物净化污水的工程系统

◎ 寻找具有高效净化作用的植物和相应的微生物，是今后需要探索的关键技术问题。

◎ 湿地水力动力学、植物和微生物水净化动力学等工程技术还需要进一步探索。

◎ 探索稀土矿、钨矿等矿区污染治理技术具有重要意义。

稀土矿区污染与水土流失

植物与碳循环

什么是碳循环，植物在碳循化中有什么作用

碳循环是指碳元素（C）在自然界的循环过程，即大气中的二氧化碳（CO_2）被陆地和海洋中的植物吸收，然后通过生物和地质过程以及人类活动，又以二氧化碳的形式返回大气中。其中生物圈中的碳循环是绿色植物从空气中吸收二氧化碳，经光合作用转化为葡萄糖、果糖等，然后形成其他各种含碳的有机物，并放出氧气（O_2）。这是十分重要的过程，因为植物制造了氧气供给生命呼吸，同时又吸收CO_2，从而减少了大气中的CO_2含量。因此，保护森林是防止大气中CO_2过多而发生温室效应的有效方法。植物是减少CO_2、守护生态家园的重要"力量"。

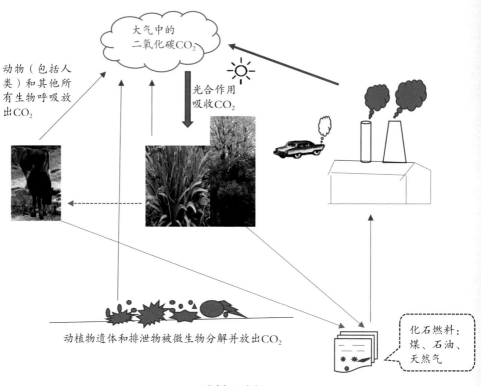

大气中的
二氧化碳CO_2

动物（包括人类）和其他所有生物呼吸放出CO_2

光合作用吸收CO_2

化石燃料：煤、石油、天然气

动植物遗体和排泄物被微生物分解并放出CO_2

碳循环途径

知识拓展

◎地球上最大的两个碳库是岩石圈和化石燃料，含碳量约占地球上碳总量的99.9%。这两个库中的碳活动缓慢，起着贮存库的作用。另外，还有三个碳库：大气圈库、水圈库和生物圈库。这三个库中的碳在生物和无机环境之间快速交换，起着碳交换库的作用。

温室效应

温室效应是由于大气里温室气体（二氧化碳、甲烷等）含量增大，导致大气温度升高，而且持久不降的现象。

因为正常情况下，地球在接受太阳短波辐射的同时，会不断向外发射长波辐射（散热），以保持地表及大气温度在正常范围之内。但是，温室气体具有吸收长波辐射（吸热）并使其返回地表的特性，致使地表高温不易消退，犹如在地球表面"裹了一层保温棉衣"。

植物的光合作用需要消耗大量的二氧化碳，因此植物是防止温室效应的最好帮手。

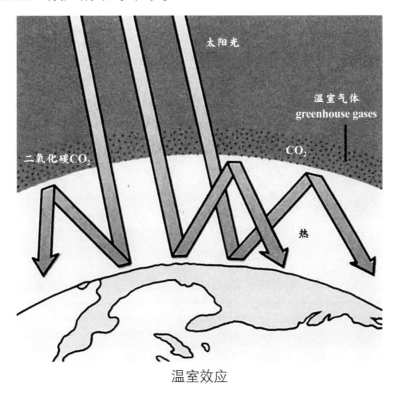

温室效应

温室效应的危害

温室效应越来越强，会使全球气温普遍上升，从而导致南、北两极地和高原冰川消融，海平面上升。因此，一方面部分岛屿、地势较低的沿海城市面临被淹没的危险；另一方面部分地区发生严重旱灾或水灾，飓风频繁，农作物大面积减产，森林、草原退化，物种濒临灭绝，直接威胁人类的生存与发展。

北极冰山融化（引自360网非版权图片）

◎保护森林和植树造林可以减弱温室效应。因为植物光合作用制造氧气，能增加大气中氧自由基的数量。这些氧自由基又与甲烷、二氧化碳等结合，减少了温室气体的含量；另外，光合作用需要吸收二氧化碳，这样又大大减少了大气中的二氧化碳。

◎正常大气中的二氧化碳含量约占0.03%（体积分数），其中有75%的二氧化碳被海洋、湖泊、河流等地面的水及空中降水吸收溶解于水中，还有5%通过植物光合作用转化为有机物质贮藏起来。

◎甲烷（CH_4）、氟氯烃（CFC）、氧化亚氮（N_2O）、三氯乙烷（$C_2H_3Cl_3$）、四氯化碳（CCl_4）等温室气体在大气中的浓度很低，被称为"微量气体"。

甲烷是仅次于二氧化碳的第二大温室效应气体。动、植物残骸在稻田、沼泽地的厌氧发酵是其重要来源（俗称"沼气"）。大气中的甲烷与氢、氧自由基发生反应是"销毁"它的主要途径。但是，大量使用化石燃料放出的一氧化碳（CO）能迅速与大气中的氢、氧自由基反应，抑制这类自由基销毁甲烷的作用，从而导致大气中甲烷浓度增加。

◎氧化亚氮（N_2O）俗称"笑气"，主要来源于汽车尾气排放和生物在土壤、海洋中进行的脱氮过程；其次，制造和使用含氮化肥以及化石燃料燃烧，将大量氧化亚氮释放到大气层。氧化亚氮在大气中的寿命达100年，是二氧化碳寿命的7~10倍。因此，尽管它的温室效应作用仅为二氧化碳的1/12，但它长期积累而导致的温室效应作用不容忽视。

植物与氧循环

　　氧循环是绿色植物通过光合作用制造氧气，其中一部分形成臭氧层，一部分供给动植物呼吸作用并放出二氧化碳，二氧化碳又供给植物进行光合作用再制造出氧气。显然，植物是氧循环的重要角色，它既是氧气的制造者，又是二氧化碳的吸收者。

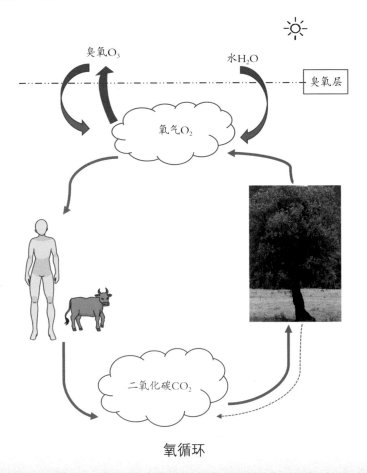

氧循环

思考

◎地球早期的原始大气中没有氧气，绿色植物出现后通过光合作用制造了氧气，而且随着森林的大面积出现，制造的氧气也多起来了。现在，大气中氧气的含量约占21%。

如果森林过多，在没有工业的情况下是否大气中的氧气含量会超过21%或更高？这样会不会导致气温下降而出现冰期呢？

亚热带森林

关于臭氧层

臭氧层是大气平流层中臭氧浓度较高的部分，它距离地面20～50km。臭氧是自然形成的，高层大气中的氧气受阳光紫外辐射变成游离的氧原子，有些游离的氧原子又与氧气O_2结合形成臭氧O_3。

臭氧分子不稳定，紫外辐射既能生成臭氧，也能使臭氧分解为氧气分子和游离氧原子。因此，大气中臭氧的浓度取决于其生成与分解速度的动态平衡。

臭氧层有两个主要作用，一是保护人类和动植物免遭短波紫外线的伤害，二是保持地面温度不在夜间急剧下降。因为臭氧吸收太阳光中的紫外线并转换为热能加热大气，如果没有臭氧层，将导致地面气温夜间急剧下降，威胁生命的生存。地球以外的星球没有臭氧和氧气，所以昼夜温差极大。

冰箱、空调的制冷剂氟利昂（Freon）、泡沫塑料发泡剂、用于电子器件清洗的氯氟烷烃（CFCs）以及特殊灭火剂溴氟烷烃（Halons）等是破坏臭氧层的主要物质。臭氧减少的趋势表现为在距离地面20km左右的高空减少最多。

2

生态家园中的
生物多样性

植物多样性包含在生物多样性之内

生物多样性是生物及其与环境形成的生态复合体以及与此相关的各种生态过程的总和。植物多样性包含在生物多样性之内。生物多样性主要有两个层面，它们相互作用、相互联系。

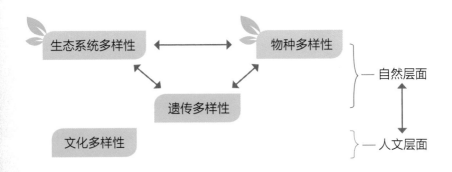

生物多样性的层次关系

生物多样性知多少

地球上物种多样性最高的是昆虫，约185万余种；其次是植物，约35万余种。目前，人类已经认识并描述了的物种不多，昆虫约93万种，植物约25万种，病毒和细菌被认识并描述的极少。因此，发现、认识和基本搞清楚地球上的生物物种还有很多研究工作需要去做。

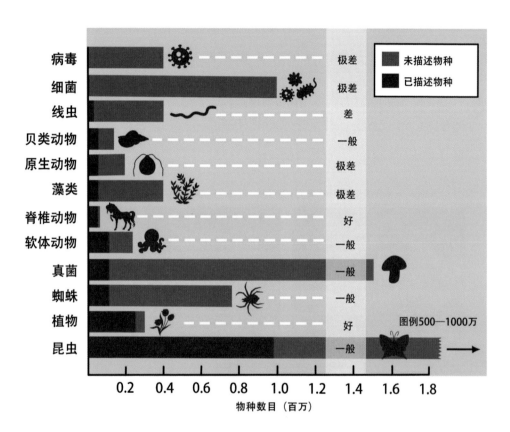

物种多样性的数量

已经灭绝或濒临灭绝的动物

许多草食动物已经灭绝，如：独角犀*Rhinoceros*、高鼻羚羊*Saiga tatarica*、麋鹿*Elaphurus davidianus*、普氏野马*Equus przewalskii*等在野外已经灭绝。

普氏原羚*Procapra przewalskii*、麝*Musk deer*、江豚*Neophocaena phocaenoides*、白暨豚*Lipotes vexillifer*、白鲟*Psephurus gladius*等濒临灭绝。

江豚属于鲸目，海豚科。常在咸、淡水交界处活动，能在海洋和淡水中生存。栖息于热带至温带海岸附近，非洲好望角、印度、日本以及中国沿海都有分布，并溯长江而至宜昌。现已功能性灭绝。

　　白暨豚，国家一级保护动物，属于鲸目，淡水豚科。生活在淡水江河中，为中国特有物种，主要分布于长江流域。现在已经濒临灭绝。

白鲟，国家一级保护动物，属于鲟形目，匙吻鲟科。生活在长江淡水河流中，由于过度捕捞等原因，现在已经濒临灭绝。

独角犀属于奇蹄目，犀科。分布于尼泊尔，是尼泊尔的国宝，现已濒临灭绝。

一些植物也面临灭绝的危险

大批植物濒临灭绝，其中百山祖冷杉全世界仅存3株，资源冷杉仅存约600株。

资源冷杉*Abies ziyuanensis*

国家一级保护植物，是松科冷杉属树种，仅生长在我国广西和湖南的南岭山脉上，散生于江西遂川南风面、井冈山，以及海拔1500~1850m的针阔叶混交林。数量很少，濒临灭绝。

资源冷杉

百山祖冷杉_Abies beshanzuensis_

　　国家一级保护植物，是松科冷杉属树种，仅生长在浙江省庆元县的百山祖，海拔1700m，目前野生数量大约3株，处于濒临灭绝状态。南方高山上的冷杉属树种可能是古地质、古气候的残余，因不适应现代全球气候变化，导致自然繁殖衰退而濒临灭绝。

百山祖冷杉

银杉 *Cathaya argyrophylla*

　　国家一级保护植物，是松科银杉属树种，仅在湖南炎陵县八面山、广西龙胜县和金秀县大瑶山、重庆金佛山、贵州桐梓县白芷山有小块分布，海拔1000～1900m。原以为已经灭绝，1955年我国植物科学研究人员在广西龙胜花坪的森林中发现，由植物学家陈焕镛和匡可仁鉴定命名。银杉享有"活化石""植物大熊猫"誉称。目前数量很少，濒临灭绝。

银杉

水杉 *Metasequoia glyptostroboides*

国家一级保护植物，是杉科水杉属树种，仅野生生长在湖北省利川县谋道乡，模式标本采自该乡的磨刀溪，是第四纪冰期的残余，现濒临灭绝。

水杉

铁皮石斛 *Dendrobium officinale*

　　国家一级保护植物，是兰科石斛属多年生草本。药用或食用部分是茎，加工后称为"风斗"，螺旋状卷曲。野生铁皮石斛主要生长在空气湿度较大的岩石上或古老的树体上，因此生长十分缓慢，吸收的矿质元素丰富。在安徽、浙江、福建、广西、云南等地有野生分布，目前处于濒危状态。

铁皮石斛

桫椤 *Alsophila spinulosa*

国家二级保护植物，是蕨类桫椤科植物。桫椤高达6～9m，树状，杆直径10～20cm。树干上有密布的暗棕色鳞片和毛。叶柄长30～50cm，连同叶轴和羽轴有刺头突起，这种突起亦称为"刺"。叶片较大，三回羽状深裂。孢子囊群生于侧脉分叉处。囊群盖球形。成熟时反折覆盖于主脉上。由于自然繁殖主要依靠叶背孢子囊中的孢子，因此也称为"孢子植物"。

桫椤很古老，大约是侏罗纪时代遗留下来的。分布于我国福建、台湾、广东、海南、广西、江西、贵州、云南、四川等地，常常生长在山地溪旁或湿润的疏林中。目前处于濒危状态。

桫椤

野生稻*Oryza rufipogon*

国家二级保护植物，是禾本科稻属水生草本，高达1.5m，花果期在4—5月，果成熟10月；染色体2n=24，染色体组AA型。它与栽培的水稻品种显著不同的是其稻穗稀疏、谷端的芒很长、产量低。广东、海南、江西等地有小块状分布，目前处于濒危状态。野生稻具有抗病、抗虫害、抗干旱等优良基因，因此是改良栽培水稻品种遗传的宝贵资源。野生稻的发现和利用开启了南方人类定居的农耕时代。

野生水稻

人参*Panax ginseng*

是五加科人参属的多年生草本。生活中药用的人参是指植株的根状茎部分，它肥大并呈纺锤形或圆柱形。人参是名贵药材，野生分布于长白山林区，生长在落叶阔叶林或针叶阔叶混交林下。由于滥挖乱采，野生人参已处于濒危状态。

天麻*Gastrodia elata*

是兰科天麻属多年生草本。植株高30～100cm，药用部分是根状茎，它肥厚、肉质，是名贵药材。天麻主要野生分布于吉林、陕西、甘肃、浙江、湖北、湖南、四川、贵州、云南和西藏等地；通常生长在湿润的疏林下面或原始森林的边缘，海拔400～3200m。目前处于濒危状态。

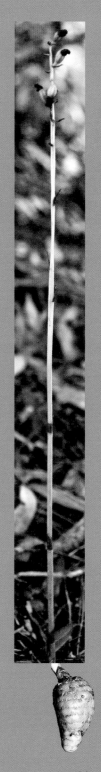

　　威胁生物多样性的主要因素是不同生命体赖以生存的生境丧失或破碎化，以及外来种的入侵、环境污染、人口剧增、对生物过度利用以及全球气候变化等等。

3

生态家园的
"见闻"

万物生存之道

俗话说"人有人路，蛇有蛇路"，这其实是一种生态位规律。生态位是指同一个生态空间中不同物种所占据的空间环境位置。群体占据的生态位叫群体生态位，同理还有个体生态位。一片森林有N个生态位。不同位置的光、水、热等许多资源都不同，理论上称之为资源维度（n维），这是森林能容纳如此丰富的物种的主要原因。

生态位示意

　　图中的一个方框示意一个生态位。"1"生长在水里的植物，"2"生长在石头上的植物，"3"和"7"生长在林下的各种草本，"5"和"6"生长在林下的不同高度的灌木，"8"生长在最高层不同位置的各种乔木。

"弯腰"生长

　　森林中生态位虽然很多，但常常发生树木之间的树冠重叠（生态位重叠），"竞争"就因此出现了。为了争夺光照等资源，一些树木只好"委曲求全"，"弯腰"伸长到阳光充裕的位置，然后再向上挺直生长。因此，在天然的森林中常常见到很多树干都不是挺直的。

森林中弯曲的树干

◎森林中为什么有很多生态位呢？

一些理论认为，森林中不同高度的许多植物个体通过各自的树冠进行遮蔽阳光、分割空间等作用，造成了不同位置的光照、水、热等n维资源的组合不同，形成了很多不同的"小空间"，即生态位。

◎森林中为什么物种多样、生态位丰富？

是物种与其生态位相互作用形成的。但是，先有物种还是先有生态位呢？其实二者没有明确的先后顺序，只有由简单到复杂的顺序。这种相互作用是一个漫长的持续过程，在这个过程中一些物种为了争夺更多的资源，采取适应林下不同位置环境（生态位）的策略，慢慢地发生了遗传改变，久而久之便分化出了遗传性状不同的新物种。这可能是物种进化的途径之一。

沙漠的环境恶劣，生态位很简单，因此植物很少。然而它们不用"弯腰"生长，可以自由生长。

沙漠生态位中的植物

开拓新的生态位

大自然虽然有很多生态位，但其中一些生态位由于环境十分恶劣，并不适合生命生存、利用，如珠穆朗玛峰等；还有一些是未被利用的生态位。一些物种试图采取特有的生存策略，通过改变自己的遗传，开拓新的生态位，避免激烈的竞争。例如，广东石豆兰（*Bulbophyllum kwangtungense*）生长在空气湿度较大的热带、亚热带林区岩石上，没有其他生命的竞争。它的优势是具有储水能力较强的肉质根；其次是叶表面有一层蜡状物质，能减少水分散发；再加上叶肉细胞中含有许多淀粉粒，增大了负压水势，增强了根的吸水能力。

广东石豆兰

生长注定不是一帆风顺

任何生命的生长过程都不是一帆风顺的直线，而是"S"形曲线。如一株树，种子萌发时期生长很慢，成幼苗后快速生长，长成成熟植株之后（转折期）开始减速，最后停止生长。原因是在生长的同时也存在"环境阻力"，当环境阻力小于生命自身的生长力时就表现出快速生长，反之为缓慢生长或衰退。环境阻力包括物理环境阻力和生命之间的关系阻力（见下图）。

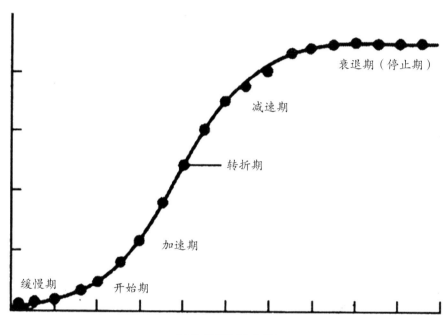

"S"形累积曲线

（说明：累积曲线如第一年生长2，第二年生长1，则第2年的作图数据=3；第三年生长4，则第三年的作图数据=7，……，依次类推）

◎人类社会是自然与文化的复合生态系统，一个区域或国家在某个历史时期的发展都是"S"曲线。如果连续观察多个历史时期的发展，便会发现由不同的"S"形曲线层层叠加起来组成多"S"曲线，表现出不同层次、不同质量的发展规律，而且越是后期的"S"曲线其周期越短。问题是，在推动人类社会由一个"S"走向更高一级的"S"的过程中，是什么起关键作用？它的机制是什么？探索这两方面的原理对指导人类社会的科学发展具有重要意义（如下图）。

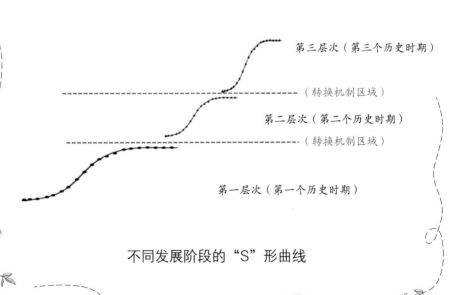

不同发展阶段的"S"形曲线

生存的"长板效应"

在沙漠中生存的最大困难是缺水。因此，水分是植物生存的"限制因子"。以仙人掌为例，仙人掌植物的叶变化成针状，大大减少了水分散失；它的茎变为肥厚肉质状，可以储藏水分，而且肥大的茎中有很多叶绿体，可以进行光合作用，供给植物体生长。仙人掌植物的这些长处，使它们能够在沙漠里生存。这正是它们发挥"长板效应"的结果。人类的生存策略也是如此。

仙人掌植物

没有多余的叶片

"冗余理论"认为，自然界没有多余的东西。一株树，假如根据计算只要100片叶子的光合作用就能保证它正常生长，那么这株树的实际叶片数量往往大于100片。表面上看起来这株树长了"多余的叶片"，而且这些"多余的叶片""光吃饭不干事"，因为它们的呼吸等生理作用都要消耗光合作用产物。其实，这些"多余的叶片"是有用的，比如风吹雨打落下了一些叶子，或害虫吃掉了一些叶子，这时候"多余的叶片"就能顶替上去，弥补这些损失。但如果"多余"的数量太多，这个系统就会崩溃。

4

生态家园的
瑰宝

自然保护区是人类生态家园的瑰宝。这些瑰宝都离不开植物，因为植物或由植物组成的森林为各种各样的动物等其他生命提供了安全庇护、食物和栖息地。自然保护区是人类生存和持续发展的支撑，同时也是地球上美丽、神秘、有趣的地方。

由于工业文明的出现，人类对自然的干扰越来越大，导致环境恶化，生物多样性急剧下降，自然灾害频发，威胁到人类的生存和发展。因此，建立自然保护区是平衡人与自然生态关系的重要方法，体现了人类进一步探索自然规律、顺应自然规律、促进社会发展的生态智慧。

世界上第一个自然保护区是1872年美国建立的黄石国家公园，位于美国西部北落基山和中落基山之间的熔岩高原上，海拔2134～2438m，面积8.956km^2。1872年3月1日，美国国会法案说黄石公园被设为自然保护区是"为了使它所有的树木，矿石的沉积物，自然奇观和风景，以及其他景物都保持现有的自然状态而免于破坏"。这句话解释了什么是自然保护区。

中国第一个自然保护区是1956年经国务院批准建立的鼎湖山国家级自然保护区，隶属于中国科学院华南植物研究所，从此拉开了中国建立自然保护区的序幕。鼎湖山国家级自然保护区面积1133公顷，保存着较完整的南亚热带季风常绿阔叶林，是中国南亚热带典型地带性植被类型。截至2018年，中国已经建立了474个国家级自然保护区，占国土面积的14.8%，是世界上规模最大的自然保护区体系之一。

南亚热带森林

南北回归线上的绿色明珠

　　鼎湖山国家级自然保护区是1956年建立的我国第一个自然保护区。由于地球北回归线穿过的地方大多数是沙漠或干旱草原，因此，该保护区被中外学者誉为"北回归线上的绿色明珠"，1979年又成为我国首批加入联合国教科文组织"人与生物（MAB）"计划的生物圈保护区网络，成为中国首批3个国际生物圈保护区之一。它位于广东省肇

庆市，地理位置是东经112°30′39″~112°33′41″，北纬23°09′21″~23°11′30″。该保护区内的森林生态系统具有完整的演替系列和垂直分布带；生长着约占广东植物总数1/4的高等植物，其中，桫椤、紫荆木、土沉香等国家保护植物约22种；还有鼎湖冬青、鼎湖钓樟等华南特有种和模式产地种约30种。动物种类也很丰富，有兽类38种，爬行类20种，鸟类178种；昆虫已鉴定的有1100多种，其中蝶类就有85种。因此，它又被生物学家称为"物种宝库"和"基因储存库"。

鼎湖山的南亚热带常绿阔叶林

世界巅峰　地球的净土

　　珠穆朗玛峰是世界最高峰，人迹罕见，因此被称为地球上的净土。

　　西藏珠穆朗玛峰国家级自然保护区位于中国西藏自治区的定日县、聂拉木县（樟木沟）、吉隆县（吉隆沟）和定结县（陈塘镇），其中珠峰分属于定日县的扎西宗乡和曲当乡，地理位置是北纬27° 48′ ~ 29° 19′，东经84° 27′ ~ 88°，面积338.1万公顷。主要保护对象为高山、高原生态系统。保护区内高等植物2348种，其中许多是珍贵稀有植物，如长蕊木兰*Alcimandra cathcartii*，水青树*Tetracentron sinense*，西藏延龄草*Trillium govanianum*，胡黄连*Picrorhiza scrophulariiflora*，长叶云杉*Picea smithiana*，喜马拉雅长叶松*Pinus roxburghii*，桃儿七*Sinopodophyllum hexandrum*（Royle）Ying等。哺乳动物53种，鸟类206种，两栖动物8种，爬行动物6种，鱼类5种，其中国家一级保护动物有：熊猴*Macaca assamensis*，长尾叶猴*Presbytis entellus*，豹*Panthera pardus*，雪豹*Panthera uncia*，西藏野驴*Equus kiang*，塔尔羊*Hemitragus jemlahicus*，玉带海雕*Haliaeetus leucoryphus*，胡兀鹫*Gypaetus barbatus*，红胸角雉*Tragopan satyra*，棕尾虹雉*Lophophorus impejanus*，黑颈鹤*Grus nigricollis*。

友谊峰下的冰湖

植物与生态家园系列丛书

珠穆朗玛峰

三江之源 "生灵之水"

　　青海三江源国家级自然保护区是长江、黄河和澜沧江三大河流的发源地，哺育着这三条大河流域的无数生命，因此被誉为"生灵之水"。

　　三江源国家级自然保护区位于青海省南部，青藏高原的腹地。地理位置是东经89°24′~102°23′，北纬31°39′~36°16′，总面积39.5万km²，是中国面积最大的湿地类型保护区，主要保护对象是藏羚羊、雪豹、兰科植物等。区内生活着维管束植物80余科，400余属，近1000种；其中不乏名贵药材植物，如红景天、贝母、大黄、藏茵陈、冬虫夏草、雪莲、黄芪、羌活等。这里还是野生动物的乐园，生活着兽类8目20科76种，鸟类16目35科147种，两栖类7目13科48种，其中国家一级保护动物有藏羚羊、野牦牛、藏野驴、雪豹、野马、金钱豹、白唇鹿、黑颈鹤、金雕、玉带海雕、胡兀鹫等14种。

澜沧江源头

流入澜沧江的源头河流

三江源保护区的黄河源头，图为野马滩和野马

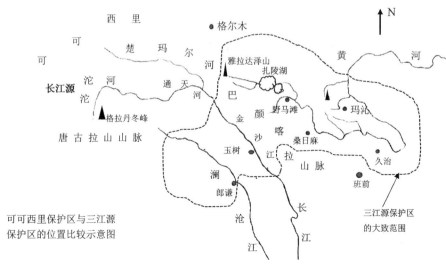

可可西里保护区与三江源
保护区的位置比较示意图

可可西里　长江之源

　　长江的真正源头是青藏高原的可可西里，也就是昆仑山脉和青海、西藏交界处的唐古拉山山脉之间。按照"河源唯远，水流顺直"的原则，沱沱河是长江的源头河，包括当曲河和楚玛尔河。沱沱河发源于唐古拉山山脉的主峰格拉丹冬峰西南侧的冰川。从上页图可以看到，唐古拉山山脉和巴颜喀拉山山脉把长江源和黄河源分开了，而且长江源头的可可西里比黄河源头更远。

　　青海可可西里国家级自然保护区位于青海省玉树藏族自治州西部，东经89.25°～94.05°，北纬34.19°～36.16°，海拔5000m以上，总面积约4.5万km^2，是世界上原始生态环境保存得较好的自然保护区之一，也是长江的正源头。该保护区的主要保护对象是藏羚羊、野牦牛、藏野驴、藏原羚等珍稀野生动物、植物及其生存环境。区内生活着高等植物约202种，其中矮小的草本和垫状植物最多。那里也是动物宁静的生活之地，生存着哺乳类动物30种，鸟类56种。可可西里的中国特有种较多，有2种裂腹鱼类及4种鳅类是保护区的特有种；野牦牛、藏羚羊、野驴、白唇鹿、棕熊是青藏高原上特有的野生动物。

可可西里保护区的楚玛尔河

可可西里保护区无人区的野牦牛

高原羌塘　藏羚羊的故乡

　　羌塘国家级自然保护区位于西藏自治区北部的羌塘高原，可可西里山以南，冈底斯山和念青唐古拉山以北，平均海拔5000m以上，面积为247120km²，地理位置是北纬32°10′~36°32′，东经79°42′~92°05′。该保护区的珍稀野生动物种类十分丰富，有国家一级保护野生动物10种、二级保护野生动物21种。这里是藏羚羊的故乡，高原野生动物的乐园。

班公湖

阿里盐湖

"边境线上的明珠" 野生动物的家园

西藏玛旁雍错湿地国家级自然保护区位于西藏阿里地区普兰县境内，西南与印度毗邻，南部与尼泊尔以喜马拉雅山为界，地理位置为北纬30°39′，东经81°29′，海拔4700m以上，面积737820km^2，平均海拔4700m，被誉为"边境线的上明珠"。

保护区内生活着有脊椎动物99种，其中国家一级保护动物有雪豹、胡兀鹫、黑颈鹤等8种；国家二级重点保护动物有棕熊、水獭、猞猁、藏原羚、岩羊、鸢、大鵟、高山兀鹫、猎隼、红隼、藏雪鸡等16种；有高等植物140余种。

藏羚羊

玛旁雍错国家级自然保护区的野生动物

自然造化　神秘的峡谷

雅鲁藏布大峡谷国家级自然保护区内的大峡谷是举世闻名的世界第一大峡谷。以前称它为"雅鲁藏布大拐弯"，这是因为雅鲁藏布江在喜马拉雅山高峰南迦巴瓦峰脚下突然形成一个奇特的马蹄形大拐弯。这个大峡谷也是地球上最深的峡谷，峡谷长度504.9km，面积约9600km^2。峡谷地区的冰川、绝壁、陡坡、巨浪滔天的大河等都是自然造化的美丽图画。由于峡谷内环境十分险要，许多地方至今仍无人涉足，因此也被称为"神秘的峡谷"。该保护区内的雅鲁藏布江沿喜马拉雅东南坡急泻而下进入印度洋，成为青藏高原最主要的水汽通道。因此，印度洋暖湿气流顺着这个水汽大通道北上，使大峡谷的底部为热带，山体底部为山地亚热带，中部为山地温带，上部包括山顶为高山寒带，形成了特殊的山地立体气候带类型，植被也随之出现了完整的植被类型分带。

"雅鲁藏布江大拐弯"

该保护区内的维管束植物约3768种，苔藓植物512种，大型真菌686种；哺乳动物63种，鸟类232种，爬行动物25种，两栖动物19种，昆虫1500种。这仅仅是初步的科学考察结果，还有许多生物物种以及地质谜团仍无人知晓。

大峡谷原始森林

雅鲁藏布江

高原"处女地"

　　南伊沟国家级自然保护区位于西藏米林县南部的南伊珞巴民族乡境内，有"藏地药王谷"之称，又有"小江南"之说。保护区总面积达820公顷，气候条件良好，年平均气温8.2℃，年降水量675mm。区内有保护完好的天然原始森林，既有高大的针阔叶混交林，又有牧草丰盛的草甸；群山环抱，云雾缭绕。动植物资源十分丰富，种子植物720余种，其中有许多是西藏的特有物种，如米林杨、红柄柳、米林繁缕、米林乌头、米林翠雀花、里龙小檗、米林小檗、米林黄芪、米林凤仙花、米林五加、米林虎耳草、米林杜鹃、藏布杜鹃、西藏箭竹宽柱鸢尾，等等。长松萝*Usnea longissima* Ach.从高大的树杈枝丫间垂下，有如童话剧中仙女的帷幔。长松萝是地衣类植物，属于地衣门、子囊衣纲、松萝科、松萝属。由于松萝对环境的要求很高，是"最好的环境检测器"，所以松萝的存在标志着这里的生态环境条件极好，这也是原始森林的主要特点之一。

南伊沟自然保护区的
原始森林与草地

南伊沟自然保护区的原始
森林，树上挂满长松萝

雅尼"仙境"

西藏雅尼国家湿地公园位于林芝市米林县和巴宜区境内，是雅鲁藏布江与尼洋河交汇区域，河面海拔2920m，总面积为8738公顷，属于亚热带湿润和半湿润气候，年降雨量650mm，年均温度8.7℃，年均日照2000多个小时，无霜期180天，河岸树木枝繁叶茂，水流潺潺，似江南气息扑面而来。

尼洋河发源于米拉山西侧的错木梁拉，自西向东在林芝县则们附近汇入雅鲁藏布江，它被认为是西藏工布地区的"母亲河"，故而又称"娘

植物与生态家园系列丛书

曲"，藏语意思为"神女流下的眼泪"。尼洋河是雅鲁藏布江的第二大支流，河水清澈、含沙量低，两岸水土和森林植被保持完好，风光旖旎，景色如画。

西藏雅尼国家湿地公园

广袤荒漠　野马的故乡

新疆卡拉麦里山国家级自然保护区位于准噶尔盆地东缘，面积12821km^2。它包括卡拉麦里低山山地、古尔班通古特沙漠和荒漠戈壁三大部分，海拔高度800~1470m，属于低山荒漠、半荒漠地貌。该保护区是以普氏野马、赛加羚羊、蒙古野驴和鹅喉羚等有蹄类野生珍贵动物及其栖息生境为主的野生动物类型自然保护区；该保护区内还有恐龙化石等古生物化石资源。

这个广袤的荒漠是普氏野马的乐园。普氏野马犹如大熊猫般珍贵，由于数量稀少，西方一些动物学家早就宣布世界上不再存在野马。但是，俄国探险家普尔于1876年率探险队进入新疆阿尔泰山南麓可可托海周边区域时，竟然在那里的一个小村——库卡沙依买到一批特殊的马皮，还发现一群群雄壮的野马不时在戈壁上飞驰而过。野马"复现人世"的消息轰动了全球动物学界。因此，中国野马用了一个外国人的名字命名，即"普氏野马"。

卡拉麦里山的普氏

保护区的梭梭与丹霞地貌

美丽的喀纳斯

喀纳斯国家级自然保护区位于新疆北部阿尔泰山中段的布尔津县北部，分别与哈萨克斯坦、俄罗斯、蒙古国毗邻，面积2200km^2，主要保护寒温带针阔叶混交林（泰加林）、高山草甸、河流湖泊生态系统和物种多样性。该保护区内的森林植被处于较原始状态，是我国唯一的泰加林景观。受第四纪冰川和北冰洋气候的影响，形成了特殊的自然景观和植被类型，森林、草原、草甸相间交错，顶峰保存有完整的第四纪冰川，喀纳斯湖碧波荡漾、神秘诱人。

该保护区内生活着比较多的国家重点保护动物，如雪豹、盘羊、猞猁、紫貂、黑琴鸡、松鸡等；还有丰富的植物，高等植物约964种。

保护区的喀纳斯湖

北漠红沙　风景如画

科克苏湿地

新疆阿勒泰科克苏湿地国家级自然保护区位于阿勒泰市境内，地理位置是北纬47°30′41″～47°41′26″，东经87°16′39″～87°35′28″，面积306.67km²，是新疆北部戈壁荒漠中最大的沼泽湿地，美丽如画，被誉为"荒漠中的绿色明珠"。该保护区内有动物254种，其中鱼类22种，鸟纲183种，哺乳动物36种；维管束植物268种。

额尔齐斯河两岸湿地和银白杨天然林

额济纳旗胡杨林

内蒙古额济纳旗胡杨林国家级自然保护区位于内蒙古自治区西部阿拉善盟的最西端，阿拉善活化台地和北山断块带之间的额济纳河断裂带，平均海拔900m。它的北面与蒙古国毗邻，地理位置是北纬41°30′~42°07′，东经101°03′~101°17′，总面积262.53km²。这是一个以保护天然胡杨林、戈壁绿洲景观为主的绿洲生态系统。

该保护区内的天然胡杨林面积约262.53km²，是我国典型荒漠地区的绿洲，其中生存着野生维管束植物71种，野生动物（不包括昆虫）118种。这些野生植物中，有很多是国家重点保护的种类，如胡杨、梭梭、肉苁蓉、沙冬青、裸果木、瓣鳞花、野大豆、甘草等。目前在该保护区发现的国家一级保护野生动物有6种：蒙古野驴、野马、野骆驼、胡兀鹫、雪豹、波斑鸨。

沙漠胡杨林

"玉盆"天池　林海雪原

　　长白山国家级自然保护区位于吉林省的东南部，地跨延边朝鲜族自治州的安图县和浑江地区的抚松县、长白县，东南与朝鲜毗邻。地理位置是北纬41°41′49″～ 42°51′18″，东经127°42′55″～ 128°16′48″，面积为1964.65km²，1980年加入联合国教科文组织"人与生物（MAB）"计划的生物圈保护区网络。该保护区的主要保护对象为温带森林生态系、自然历史遗迹和珍稀动植物。该保护区内最高峰海拔2770m，有野生植物2540多种，野生动物364种，其中东北虎、梅花鹿、中华秋沙鸭、人参等动植物为国家重点保护的物种。

　　长白山横亘在吉林省东南部中朝两国的国境线上，美丽的天池是一个古火山口。大约6亿年前，这里曾是一片汪洋。长白山从元古代到中生代，经历了加里东运动、海西运动、喜马拉雅造山运动，地壳发生了一系列的断裂和抬升。长白山有过数次火山喷发，记录表示从16世纪以来到现在发生了三次喷发：第一次是1597年8月，第二次是1688年4月，第三次是1702年4月。几次火山喷发出来的灰白色玻璃质浮石堆积在山顶上，再加上这里每年积雪长达9个多月，远远望去，一片银白，故称之为长白山。

"玉盆"天池

植被层次

长白山的森林分层十分明显，从山麓到山顶，可以看到从温带到寒带的不同植被类型，山体基部主要是落叶阔叶林；接着是针阔叶混交林，直到海拔约1000m，海拔1000～1800m是针叶林带；上升到约2000m便是岳桦林带，2000m以上是苔藓带了。

茂密的森林

"红色摇篮" 绿色林海

井冈山是中国革命的摇篮。江西井冈山国家级自然保护区坐落在江西省中南部的井冈山市，是南岭山地向北延伸到罗霄山脉的山体，地理坐标为东经114°04′05″~114°16′38″，北纬26°38′39″~26°40′03″，主要保护对象为中亚热带湿润常绿阔叶林。这里有"第三纪型森林""亚热带绿色明珠"之称，生物资源十分丰富，维管束植物约3400种，脊椎动物（不含鱼类）406种，昆虫3000余种；其中，国家一级保护野生植物有南方红豆杉、伯乐树、银杏、资源冷杉4种，国家一级保护野生动物如黄腹角雉、白颈长尾雉、金斑喙凤蝶、豹、云豹、华南虎6种，该保护区是研究中国乃至全球中亚热带生物资源的重要区域。

常绿阔叶林

井冈山保护区原始苔藓群落

⑤

生态文化

生态文化是人类与自然以及人类与其他生命相互作用、相互影响而产生的可持续传承的文明成果或文化活动，具有明显的生态性质和文化特点。生态文化主要包括生态思想、工程技术型生态文化、自然地理—文化型生态文化、赋予型生态文化、敬畏型生态文化，而不是"风水、神树"等迷信思想。

在生态文化的产生过程中，人类首先认识了生态规律，这个认识的程度是随时代的发展而变化的，可以说越来越深刻；其次是运用合适的技巧（现代科学技术），合理地改变生态过程，从而得出既符合生态规律，又能达到人类目标的良好效果。因此，认识（探索、发现）生态规律、正确运用科学技术、产生良好的生态效果、达到人类的理想目标，是我们研究分析和探索生态文化的四个关键环节。现在一些纯工程技术如机械制造、航天工程等，已经成为专门的科学技术，不属于工程技术型生态文化范围。还有，民间一些传统习惯，如用夏枯草*Prunella vulgaris* L. 做凉茶等，随着科学技术的发展，已经从生态文化中剥离出去，成为专门的中药科学。同样，用艾*Artemisia argyi* Lévl. et Van.做糍粑等，也从生态文化中剥离出去了，成为专门的饮食文化或专业特点显著的食品工艺技术。

道家的生态思想

我国古代先贤都对人与自然的关系进行了观察、思考，凝练了许多生态思想，指导古人处理人与自然的对立问题。其中，最有代表性的是儒、道两家，他们都提倡"人与自然和谐相处"。但是，道家以自然为中心进行考察、分析，侧重于解释自然与人的关系，更接近于现代的生态原理；而儒家则以社会为中心进行思考、分析，侧重于解释人与社会的关系。道家的生态思想主要体现在三个方面。

发现了生态的"序"

道家认为："道"是"混沌未分的原始物质"（可能意识到宇宙起源时的"混沌"态），万事万物都由"道"产生，即"道生一，一生二，二生三，三生万物"。用现在的话说就是任何系统的形成都是由"无序"到"有序"的过程，包括地球的生态系统。这意味着对有序的自然生态系统，人类不应该去干扰或破坏，否则后果不堪设想。

提出了"正""反"因素的共生、互变观点

道家典籍中提出"元气有三名，太阳、太阴、中和。形体有三名，天、地、人"，其中"阴""阳"寓意天、地、人等万物，虽然形体不同，但它们都是"正""反"因素同时存在、共生于一体的，没有一个事物或一个生命只有"正因素"而无"反因素"。例如一个生命体从诞生开始，体内就已经有促进生长的"正因素"和制约其生长的"反因素"共存，整个生命运动只不过是这两种因素的主导地位变化而已。

"万物负阴而抱阳"就是说"正""反"因素在一定条件下可互变，例如草原生态系统的"正因素"可以促进草原发展，而"反因素"（如食草动物数量过多）将导致草原系统衰退，自然系统通过食物链机制可以达到"正""反"变化平衡。

指出了实践法则

道家的"人法地，地法天，天法道，道法自然"是一个实践行为顺序，而且这个顺序由近及远，由小到大。人类认识到：对自己生存的环境、生态系统的利用要遵从地球生态系统规律，地球生态规律又服从于宇宙系统规律。因此，指出"遵从自然规律""天人和合共生"。这与现代可持续发展观念相符。由此可见，道家的生态思想促进了我国古代生态文化的发展和生态工程技术的应用。

千秋生态工程——都江堰

都江堰是较典型的工程技术型生态文化成果。它是生态智慧体现在工程技术上的典范，展现出分水与引水相结合的"因势利导"生态智慧，具有明显的生态特点。整个工程是由分水工程的分水堰（"鱼嘴"）、飞沙堰和引水工程的"宝瓶口"三个主体组成。利用"鱼嘴"和飞沙堰实现分流、溢洪、排沙；利用"宝瓶口"把滔滔江水引到灌县平原进行农田灌溉。它兼有防洪、灌溉、航行三种作用，是世界治水罕见的生态工程奇迹。

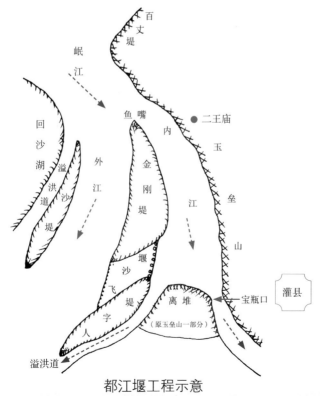

都江堰工程示意

◎修建都江堰的起因

岷江两岸山高谷深，流到四川灌县附近进入平原。由于水势浩大，经常决堤毁田，灾害不断。而且，从上游挟带的大量泥沙淤积在这里，抬高河床，加剧了水患；加上灌县城西南有一座玉垒山，阻碍江水东流。因此，洪水季节西边江水泛滥，而东边干旱。战国时期（公元前475年—公元前221年），李冰下决心带领民众治理岷江。

◎从调查、分析着手

李冰和他的儿子二郎，沿岷江两岸实地调查，掌握了水情、地势等自然生态特点，而且，还看到了玉垒山阻碍江水东流是造成"东旱西涝"的根本原因。

◎体现生态智慧的设计

在调查分析的基础上，知道了问题出在哪里，便提出了"分水、引水东流"的设计方案，做到"因势利导"治水。具体方法是：①建立"鱼嘴形"分水堰，分水堰两侧垒砌大卵石护堤，靠内江一侧的叫内金刚堤，靠外江一侧的叫外金刚堤。分水堰前端筑成"鱼嘴形"，大大减少了汹涌而来的水流冲击力，同时又提高了两侧分水的流速。②凿穿玉垒山，把水引向东边灌溉农田。玉垒山被凿开了一个20m宽的口子，这个口子叫"宝瓶口"；被分开的玉垒山"前头"形状如一个大石堆，后来称之为"离堆"。

◎技术发明来自生活灵感

在修筑分水堰的过程中，起初采用在江心抛石筑堰的办法，但接连几次都被洪水冲垮了。李冰看到当地人用竹子盖房子、编竹笼盛东西而获得灵感，于是请竹工编成长3丈（约10米）宽2尺（约0.67米）的大竹笼，装满鹅卵石，然后一个一个地沉入江底，就这样成功地筑成了分水堰大堤。

◎发挥集体智慧

在开凿"宝瓶口"时，因山石坚硬，工程进度很慢。李冰听取了民工的建议，先在岩石上开些沟槽，在沟槽内铺放柴草并点火燃烧，使岩石受热开裂，这样加快了开凿进度。

◎生态智慧源于对自然的洞察

都江堰也具有"正""反"因素共存、互变的特点，分水、引水的同时，洪水夹杂的泥沙在漩涡回水之处沉积，如果任其日积月累下去，必然造成河床抬高、洪水泛滥，从而导致堰坝失效。设计者预想到了这种生态事件的连锁反应，因此设计了"飞沙堰"，有效地减少了泥沙沉积在宝瓶口附近。然后，每年秋季淘挖飞沙堰的淤积泥沙，保证了都江堰的使用效果。

村落选择体现的生态智慧

　　"村落选择"是自然地理—文化型生态文化。自古以来，中国村落的选择就凝聚了中国古代哲学、科学、美学智慧，体现了中国"天人合一"的生态文化特点，而不是所谓的风水迷信。

　　"中国式"的生态美学村落很多，通常都符合如下图的选择和布局，体现出中国民众的生态智慧：①开阔、采光足、通风。这样有利于形成空气新鲜的环境，减少疾病，有益于身心健康。②后山的森林和村前的河流改善了居住环境，增加了负氧离子，也有益于健康。居住在这样的环境中可以较长时间保持心情愉快、身体健康，有益于提高工作效率和获得创造灵感。③生活和工作方便。有了河流，不仅方便生活用水，而且也方便农业灌溉。④防灾避险。后山保留了较完整的森林生态系统，又与民居保持有一定距离，这样既减少水土流失，又可避免山体滑坡等灾害，而且由于森林的气候调节作用，使得村落生态环境清爽、宜居。⑤地势高，有利于排水和防洪。

　　这些村落选择的生态原则，使自然环境与居住环境融为一体，山水相映，蕴含着生态之美，形成了中国特有的村落生态文化。

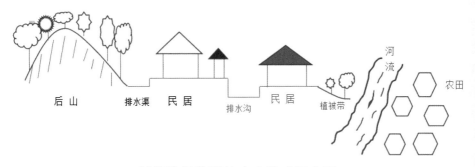

村落选择体现的生态模式示意图

后山　　　　排水渠　民居　　　　排水沟　　民居　　植被带　　河流　　农田

西北村落

江西村落

湘西古村落

南岭村落

江南村落

西藏农牧村落

甘南山区村落

西南村落

江南古村

"文化名木"

　　"文化名木"是较典型的赋予型生态文化。当树木被人类赋予较高的文化内涵时，它们本身的生态价值已经被淡化了，留下的仅仅是文化价值而成为"文化名木"。

　　古人在实践中体验到树木可以遮阴纳凉、净化空气、挡风消尘，这其实是树木生态功能发挥了作用。

　　认识到树木的作用之后，人类常常在一些重要事件中用"栽树"或"利用大树良好的生态功能"进行某些活动，以这种方式表达某种寓意，其目的是反映意识，或作为思想的寄托。后来，随着不同的人对这种"寓意"的解读千差万别，而那些被大多数人接受的"解读"便成了主流，并以故事形式传承下来，形成了一种文化，即"树木文化"，树木自然也就成了"文化名木"。"文化名木"把树木的生态功能与人类的文化融为一体，其文化内涵已经大大超越了它的生态功能，因此传承下来的仅有文化层面的内容。

"文化名木"的文化内涵层次较高，甚至演变成"具备某种思想或指代"，或影响人的信仰。不是任何树木都有文化内涵，不能把影响力极小的人栽的树叫"文化名木"；更不能把那些低层次的文化糟粕，如把封建迷信等内容强加在树木上。中国有着悠久的、相对独立的文化历史，"文化名木"很多，如轩辕柏、故宫的柏树林、朱熹的杉树、沙洲坝"三人树"等，无不闪烁着中华文化的光芒；国外名木如佛祖菩提树等，也具有深厚的文化内涵。

轩辕柏

　　中华始祖轩辕黄帝教民造房、种黍，教化"荒民"，肇启文明。轩辕柏传说是中华始祖轩辕黄帝亲手种植的柏树，它耸立在陕西省黄陵县桥山脚下的黄帝陵。相传黄帝当年来到这里，觉得此地是一块宝地，便把自己的聚宝盆埋在这里，并且在地面栽了一棵柏树作为记号，然后再去征服其他部落，后来他也埋葬在这里。这株柏树就是现在黄帝陵的轩辕柏。据测定，该树是柏科侧柏属的侧柏*Platycladus orientalis*（Linn.）Franco，胸径为2.48m。

轩辕柏

◎黄帝陵址

司马迁实地考察了黄帝陵墓是否在桥山。司马迁是陕西韩城人，他父亲司马谈是汉武帝时期的史官。汉武帝元封元年，司马谈病逝，司马迁继承父业，做了太史令。他写《史记》时碰到的难题之一是中华始祖黄帝轩辕氏究竟埋葬在哪里。当时关于这个问题有很多说法，因此，司马迁决定实地考察。他来到翟道城（现在的黄陵县）桥山一带进行了40余天的考证，肯定了"黄帝崩，葬桥山"，并记述在《黄帝本记》（史记第一篇）中。司马迁这次考证后，地方官员就创建了"轩辕庙"，到了唐太宗大历年间（766—779）正式建庙于桥山西麓。又到了宋太祖开宝五年（972），因河水侵蚀，把庙址移到桥山东麓，就是现在的黄帝陵"轩辕庙"地址。因此，有"汉代立庙，唐朝建，到了宋朝把庙迁。不论谁来做皇帝，登基都不忘祖先"之说。从唐代开始，为了纪念和缅怀始祖精神，先民就有了隆重的祭祀黄帝的活动，这个传统一直传承到现在；2006年，黄帝陵祭典列入第一批国家级非物质文化遗产名录，轩辕柏正是由于"文化名木"的特质，其生态文化早已经超越了树木本身的生态意义了。

黄帝陵除了轩辕柏外，还有很多古柏树，其中一株叫"挂甲柏"，是汉武帝刘彻祭拜轩辕黄帝时挂过盔甲的柏树。历史记载，公元前110年，汉武帝率领十八万大军北征匈奴，从现在的陕西省淳化县凉武帝村出发直至边关，并向匈奴下战书。刚继任匈奴王位的乌维单于不敢应战，汉武帝只好回京。由于没有按原路返回，途中路过阳周郡桥山（现在的黄陵县桥山），看到桥山顶上一座高大雄伟的土冢和一块石碑，上书"古轩辕黄帝桥陵"。汉武帝便下令停止行军，修筑"祁仙台"，备礼祭拜轩辕黄帝。祭拜开始前，汉武帝把盔甲挂在一棵柏树上，此树就是后来的"挂甲柏"，"祁仙台"就是现在黄帝陵的"汉武仙台"。

汉武帝挂甲柏

◎为什么黄帝陵栽柏树？在陵墓上栽柏树，据战国时期记载和解释，古代华夏民族礼法礼义的《周礼》写道"方相氏，葬日，入圹驱魍象"，魍象好食亡者肝脑，而魍象畏虎与柏，故墓前立虎与柏。"魍象"指的是一种怪物，照此说法，古人在墓地周围栽柏树是为了防御传说吃亡者肝脑的怪物"魍象"。有了魍象畏柏的说法，帝王陵墓逐渐也栽上了柏树。从此，"墓侧皆树柏"也就成了主流。

◎轩辕柏是黄帝陵的象征，而"轩辕黄帝像"是黄帝的"化身"。历朝历代祭拜始祖轩辕黄帝的人都是向庙内的"轩辕黄帝像"敬拜。那么"轩辕黄帝像"是什么时候画的呢？据记载，汉高祖七年（公元前200年）的一天，汉高祖刘邦举行正式临朝仪式。正在这时，刘邦的父亲派人送来急信。刘邦拆开一看，原来是他父亲斥责其升了天子，忘了祖先，自古帝王登基先要祭拜黄帝，而刘邦未行此祭典。刘邦立即下令就地祭拜黄帝。可是向哪里跪拜呢？叔孙通见状立即拿出一张轩辕黄帝画像，双手奉献到刘邦跟前，说："可把黄帝画像挂起，率众臣跪拜。"刘邦认为言之有理，马上带领百官站在黄帝像前跪拜。汉高祖祭拜的这张黄帝画像，从汉代一直保存到今天，现在仍然挂在轩辕庙大厅上方，受世人谒拜。

故宫的柏树林

北京是中国的首都，也是六朝古都，皇家坛庙都种有苍老遒劲、巍峨挺拔的古柏。故宫社稷坛（现在的中山公园）有一片古柏树，反映了祭祀苑地的"种柏文化"。故宫的古柏有很多文化故事。据记载，乾隆皇帝自称在下江南的船上梦见故宫御花园里的一株古柏树跟着他下江南，而且在太阳如火的时候，这株柏树还出来为他遮阴。回宫后乾隆皇帝亲封此柏为"遮阴侯"，还作了一首诗："摛藻堂边一株柏，根盘厚地枝擎天。八千春秋仅传说，厥寿少当四百年。"

故宫的柏树林

朱熹手植的杉树

理学家朱熹于南宋绍兴二十年（1150），回江西省亲时亲手在其祖墓周围按八卦布局栽植了24棵杉树*Cunninghamia lanceolata*。历经800多年的风雨，现存16棵，其中最高的38.7m，最粗的一棵胸径3.43m，有"江南古杉王群"之誉。为什么朱熹栽种杉树，而不栽柏树呢？首先，杉树的原产地在我国中亚热带地区，包括江西、福建、浙江、台湾、广东、广西、湖南、湖北、贵州、四川、云南等省区，杉树也是江西省婺源土生土长的树种（乡土树种），适应那里的生态环境；其次，杉树的木材较好，是南方造房、做家具等的主要材料。

朱熹手植的杉树林

沙洲坝的"三人树"

江西省瑞金是原苏区中央政府所在地。在瑞金附近的沙洲坝，中央执行委员会旧址门前的水塘边，有一株巨大的樟树*Cinnamomum camphora*，从地面上看是三株，因此当地称之为"三人树"。其实它们的根部是连为一体的，树龄已有700余年。"三人树"的树冠非常大，浓荫广布，四季常绿。1933年4月，临时中央政府机关迁到此地后，毛主席经常坐在这棵大树下看书，或与群众亲切谈话。毛主席正是在这棵大树下与群众交谈时了解到当地群众吃水困难。为解决沙洲坝村干旱缺水问题，毛主席带领苏区群众一起，在这棵大樟树不远的地方开挖了一口宽1.7m、深6m的水井；后来沙洲坝人民为这口井取名为"红井"，还立了一块碑，上面写着"吃水不忘挖井人，时刻想念毛主席"。如今，"三人树"被赋予了很深的文化内涵，寓意着中国共产党为人民服务的初心，每年都有很多人从各地前来参观、瞻仰。

沙洲坝的"三人树"

蓝毗尼的佛祖菩提树

蓝毗尼位于尼泊尔南部的鲁潘德希县，是世界著名的佛教圣地。公元前565年的一天，古印度迦毗罗卫国国王净饭王的妻子玛雅·黛维王后在回娘家的途中，路过蓝毗尼园，被美丽的环境所吸引，就决定在此暂住几日，欣赏美景。入夜后，圆圆的月亮挂在空中，银辉似的月光撒满了美丽的花园，端庄的黛维王后，沉浸于这良辰美景之中，当晚便顺利地在菩提树下生下王子乔达摩·悉达多。由于他是释迦族人，后人都尊称他为"释迦牟尼"，意思是"释迦族的圣人"。那株菩提树也成了佛教的象征，称为"佛祖菩提树"（可能是后世重新种植的），现在被列为世界文化遗产，它沉淀了世界文化的内涵。

"佛祖"菩提树

神树"巨柏"

西藏林芝的巨柏*Cupressus gigantea* Cheng et L. K. Fu，是柏科Cupressaceae柏木属*Cupressus*的高大常绿乔木，生于海拔3040m的山坡下部。这棵巨柏高达50m，直径近6m，树龄约3200年，树冠投影面积达700m²。巨柏是西藏特有的树种之一，属国家一级保护树种。

巨柏承载着丰富的藏文化内涵，相传此树是苯教祖师辛饶·米保的生命树。它在藏族同胞的心目中是无与伦比的圣树，树上总是缠挂着风马旗，树兜周围缠满了白色哈达，信徒远道前来朝拜。

神树"巨柏"

敬畏型生态文化

村落附近的"风水林"和"神树"是典型的敬畏型生态文化的产物。关于"风水林"和"神树"的解释有两种说法。第一种是"恐惧说",即人类自古以来就对未知的自然现象产生敬畏心理,村落附近的森林常发生一些灾祸或事故,如村民意外死亡、村里会传出怪声等。对这些现象的发生,当时没有办法从科学的角度去证实、解释,只能编创一些恐怖传说,代代相传。第二种是"风水说",即村民意识到村前屋后的树林不仅可以改善村落生态环境,如调节气候、净化空气等,而且还能有效减少水土流失、保持溪水长流,为了长久保留这些树林,也编创了一些神话故事,其内容或多或少带有一点恐怖色彩,便自然流传开来。以这些特有方式保护"风水林"和"神树",使许多珍稀动植物得以存活下来,增加了村落周围的生态多样性。

尽管"风水林"和"神树"的传说都带有迷信色彩,但从民族文化的角度看,探索这些传说的起源、发展、变化规律,及其与民俗的关系,无疑是研究民族文化的重要线索之一。

保护完好的村落"风水林"

❻

生态风险

什么是生态风险

　　一个生态系统，不但有各种各样的物种，而且还有各种各样的生态功能，发挥着很多不同的生态效益。这些生态效益中，有些可以测量出来，如涵养的水源、产生的氧气、吸收的二氧化碳、保持水土的能力、生物量、改善环境质量的指数等等，我们通常把它们称作"直接生态效应"；但是，有些难以测量出来，如物种生存规律、系统中的进化规律、物种资源对未来人类生存的影响等等，一般把它们叫"间接生态效应"。一个完整的原生性森林生态系统需要百万年以上的时间才能形成，如果把这片森林全部砍伐，那么这两种生态效应就消失了，从而引发水土流失、江河干涸、气候恶化等一系列生态灾害问题。如果要恢复原有的状态，几乎不可能实现，即使可以恢复，也要付出极高的代价。由此可见，人类对自然生态系统的干扰是有风险的，风险大小与干扰的规模、强度、持续时间成正比。我们把干扰后直接出现生态问题的"风险"叫"即时生态风险"。还有一种生态风险，表面上看某种干扰（如工程建设等）不会对生态系统产生破坏，其实不然，经过长时间的生态过程之后，生态灾害才会发生，这种生态风险叫"滞后生态风险"。因此，生态风险是人类对生态系统干扰所引起的生态灾害之可能性和大小。

超级工程为何变"双刃剑"

世界著名的阿斯旺大坝，是直接拦截尼罗河的大坝，长383m，高111m，其经济效益很明显，主要是灌溉、发电、养殖、航运等。由于直接的经济效益掩盖了"滞后生态风险"，当时举国上下都很高兴，都赞成建坝。

可是，建坝十年之后，"滞后生态风险"开始显现，主要是：①水库上游的缓流河段不断淤积泥沙，形成上游三角洲，导致上游地区洪水泛滥。②下游耕地土壤肥力下降。原来定期的洪水能把尼罗河富含的氮、磷、有机物等肥分补充到下游土壤中，建坝后这种自然生态效应减少甚至消失。③下游耕地的盐碱化越来越严重。因为大坝下游河段的水量大大减少，土壤水位降低，水分蒸发后盐分积累在土壤中，这样日积月累，土壤含盐量逐渐增高，盐碱化日趋严重，不但影响到作物生长，而且威胁到人类生活用水安全，民众开始忧虑。

再说围湖造田，起初人们没有意识到会产生生态灾害，当围湖造田面积达到一定的规模时，湖泊容量显著缩小，它调节江河洪峰的能力大大降低。由于河流与湖泊是相互连通的，当连续暴雨造成江河洪峰时，江河没有了湖泊对洪水的缓冲作用，导致洪水泛滥，出现冲毁农田、村庄、道路等生态灾害。因此，我国实施"退田还湖"具有重要的生态意义。

科研应用应该慎之又慎

人类的生存离不开粮食，而粮食的生产是一个艰辛的过程。几百年来，人们都在进行科学研究，希望提高粮食产量。随着科学技术的发展，应用转基因技术，大幅度提高了产量。

可是，2004年，瑞士发现，用转基因玉米Bt-176饲养奶牛，由于转基因玉米Bt-176能产生毒杀欧洲玉米螟的Bt毒素（毒蛋白），致使奶牛逐渐死亡。2007年，奥地利发现，栽培转基因玉米NK603品种会产生类似除草剂的代谢物质，转基因玉米MON810品种会产生Bt抗虫类物质，用这两个品种的玉米饲养小老鼠都会致其生殖能力下降，等等。显然，这些转基因粮食存在风险。水稻、小麦、玉米、大豆是人类生存的主要粮食，每天的生活离不开它们，对于粮食作物的转基因品种大规模种植，应该慎之又慎。生命只有一次，一旦出现问题，则无法补救。

为什么说转基因食物可能存在"滞后生态风险"呢？因为转基因品种的"基因亲缘"跨度较大，插入的"外源基因"可能与原体内基因共同调控生理过程而产生预想不到的代谢产物。其中有些代谢产物可能有毒性，而生命有机体内还没有相应的酶系统来分解这些有毒物质。另外，这些有毒物质究竟是什么，目前研究还未有具体明确，所以也检测不出来。人类少量或短期食用这些转基因粮食，可能暂时看不出什么问题，但是，长期食用或一代一代连续食用这些转基因食物，这些有毒物质在体内积攒后，不仅可能直接毒害人体器官，而且可能使生理发生变异，导致不育等性状发生。此外，转基因作物为了追求抗虫、抗病等特性，把一些抗病、抗虫的基因插入进去，这些基因产生"毒素"物质（如Bt毒素等）使病菌、害虫死亡的同时，对食用者也存在毒害危险。所以，转基因食物存在"滞后生态风险"。

大面积栽培转基因作物，由于其花粉在空气中传播、扩散，致使转基因片段侵入附近的非转基因品种中去，甚至侵入野生种的基因结构中，造成对遗传生态系统的污染。这个过程需要很长时间，因此转基因污染生态系统的风险也是"滞后生态风险"，它可能产生出乎意料的后果。例如大规模栽培转基因玉米，其花粉通过空气传到附近非转基因玉米品种的花柱上，通过授粉、结果，产生带有"转基因片段"的玉米种子；用这些种子播种，又会产生带有"转基因片段"的新一代玉米；这样连续下去，最后导致非转基因玉米品种都带有"转基因片段"。到那时，真正纯正的非转基因品种没有了，倘若将来要找回原来纯正的非转基因品种来栽培进一步做科研，这已经是不可能的了。显而易见，转基因污染生态系统的风险不仅存在，而且可能导致比较严重的生态后果，并且将无法挽回。

　　正是因为"滞后生态风险"的隐蔽性和生态过程的漫长，弊端很容易被经济利益掩盖，从而导致人们对转基因食物的"好""坏"争议很大。我们要从"生态风险"的角度去探索、研究和判断"滞后生态风险"，而不应该回避或含糊其词。

后 记

从启蒙科学走向公众科学

我们身边生长着琳琅满目的植物，植物的生命活动中不仅蕴含许多科学知识，还有许多有趣的奥秘，我们唯有不断地探索才能逐步揭开这些"谜团"。"植物与生态家园系列丛书"一共四分册，分别是《植物的生命》《生活中的植物》《生态与植物》和《植物科学的未来》。《植物的生命》带领读者们进入植物生命的秘密，能使人产生许多想象和疑问，这也许是萌生探索之意的肇启。我们天天都要跟植物打交道，从吃的粮食到呼吸的氧气，还有天然的植物药材，再到环境净化等等，人类的衣食住行都离不开植物。在《生活中的植物》一书中我们认识生活中的植物，了解植物方面的科学知识。植物是生态环境的主要缔造者之一，从《生态与植物》开始将读者引入广袤的科学领域，许多植物与生态现象令人叹为观止，能使读者萌生跃跃欲试的探索之念，为当今生态危机或生态风险的化解提出科学观点。不论社会如何进步，科学技术如何迅速发展，植物在人类生活中依然是不可缺少的重要生物资源。人们也许会问：未来的植物科学将会如何？虽然这是一个难以回答和预测的问题，但是，立足于当今的发展趋势，不妨做一些窥斑见豹的探讨，《植物科学的未来》或许可以帮助读者思考更多植物在未来生活中的应用。

自然科普读物按内容的深浅一般可分为三种类型：一是"儿童画"式的读物，比较浅显、美观，吸引儿童的注意力；二是小知识，如专谈健康，或谈饮食，或谈花草等等，涉及各方面的知识，不同人群可以从这类读物中各取所需；三是"启智生萌"的读物，读后顿觉"豁然"，启发智慧，或使读者萌生某些奇异遐思，或暗下决心，如把魏格纳的"海陆起源"写成了科普读物，言简意赅，通俗易懂，读后能领会地球发生地震、火山的原理，这样的科普读物影响了许多人，尤其是青少年。"植物与生态家园系列丛书"的定位跳出了一般的科普读物范围，由植物学家将科学知识由浅入深地介绍给读者，通过知识拓展和问题思考等，让学者与大众共同探讨植物科学有关生活的问题，让公众也能了解和切身体验这些科研项目。

出版"植物与生态家园系列丛书"，是我们从启蒙科学走向公众科学的一次全新的尝试，作为植物与生态的研究者，我们真诚地邀请各位读者通过阅读本书参与到探索植物科学这一领域的项目中来。

　　《生态与植物》由刘仁林（江西赣南师范大学生命科学学院教授/博士；中国植物学会会员；江西省植物学会副理事长）、王娟（云南师范大学文理学院，副教授）共同写作完成，文中图片丰富、生动形象。其中特别感谢为本书提供照片的各位先生、同仁：中国科学院植物研究所马克平先生提供江豚、白暨豚、白鲟、独角犀照片。北京林业大学张志翔先生提供百山祖冷杉、银杉、天麻、沙漠胡杨林、额尔吉斯河两岸湿地和银白杨天然林、大峡谷原始森林、野马滩和野马、可可西里保护区无人区的野牦牛、藏羚羊、卡拉麦里山的普氏野马、玛旁雍错保护区的野生动物、可可西里保护区的楚玛尔河、保护区的梭梭与丹霞地貌、阿里盐湖、雅鲁藏布江大拐弯、喀纳斯湖、珠穆朗玛峰、友谊峰下的冰湖峰照片。中国科学院华南植物园刘世忠先生提供南亚热带森林的"春天"、鼎湖山的南亚热带常绿阔叶林的照片。还有婺源鸟类自然保护区杨军先生提供朱熹杉树照片。其余图片由刘仁林提供。另外，感谢陈慧（上饶市林业科学研究所）对书稿的校核工作。

刘仁林

2021.8.12

植物科学的未来

FUTURE OF PLANT
SCIENCE

刘仁林　马冬雪 著

深圳报业集团出版社

植物与生态家园系列丛书

Series of Plants and Ecological Homeland

图书在版编目（ＣＩＰ）数据

植物科学的未来 / 刘仁林，马冬雪著. —深圳：深圳报业
集团出版社，2021.8
（植物与生态家园系列丛书）
ISBN 978-7-80709-947-5

Ⅰ．①植…　Ⅱ．①刘…　②马…　Ⅲ．①植物—普及读物
Ⅳ．①Q94-49

中国版本图书馆CIP数据核字（2020）第271039号

出　品　人：胡洪侠
策划编辑：孔令军
责任编辑：彭春红
技术编辑：何杏蔚　魏孜文
封面插图：出　离
封面设计：吴丹娜
版式设计：友间文化

植物与生态家园系列丛书

植物科学的未来

Zhiwu Kexue de Weilai

刘仁林　马冬雪　著

出版发行：深圳报业集团出版社（深圳市福田区商报路2号　518034）
印　　制：深圳市德信美印刷有限公司
经　　销：新华书店
开　　本：787mm×1092mm　1/16
总 字 数：282千字　　总 印 张：35.25
版　　次：2021年8月第1版　2021年8月第1次印刷
ISBN 978-7-80709-947-5
定　　价：120.00元（共四册）

带上这本书，走向自然

　　说到植物，我们并不陌生，我们身边生长着各种各样的植物。它们有的是旅行者眼中一道美丽的风景；有的是老饕餐盘中一道美味佳肴；有的燃烧了自己为人类的工业化进程贡献热量；有的成排成列站成一道遮挡风沙、洪水的绿色屏障……它们是风景，是菜肴，是能源，是屏障……你可曾想过，植物也是生命？它们以独特的生命形式居住在这个星球上，是"人口数量"第一大类群，它们有各自的"外貌"与"性情"，也有"衣、食、住、行"，在阳光雨露的滋养中它们也在蓬勃向上生长，积极构筑属于自己的"家园"。

　　在人类工业化的进程中，人类为了一己私欲侵占剥夺了许多植物的家园，让它们失去了立锥之地，然而人类与植物共生在同一个星球上，实在是息息相关、休戚与共，当温室效应引发全球变暖，极端天气频发，病毒、山火、暴雨、洪水、龙卷风在一夕之间将人类的家园摧毁殆尽时，我们感到了切肤之痛，不得不深思人类该如何与自然万物和谐共生。其实人类的家园与植物的家园并不矛盾，当我们将植物当作一种生命来尊重、来理解时，我们会发现，人类是可以和植物和谐共存，构建一个美好家园的。

"植物与生态家园系列丛书"一共四分册，分别是《植物的生命》《生活中的植物》《生态与植物》和《植物科学的未来》，该系列书为读者一键切换视角，从植物的角度出发，从一颗种子的成长开始，引领大家走进植物的世界。我们期待以新颖的视角、生动的语言与精美的图片让晦涩难懂的植物学知识不再局限于课本或科研论文中，而是能来一次"出圈"，把解开植物生态秘密的钥匙交给读者，让所有人都能成为植物的欣赏者、观察者，甚至是研究者。

　　党的十九大以来，国家对生态文明建设提出了一系列新思想、新目标、新要求和新部署，为建设美丽中国提供了行动指南，更是首次把美丽中国作为建设社会主义现代化强国的重要目标。建设美丽中国是国家对人类文明发展规律的深邃思考，突出了发展的整体性和协同性。作为科研工作者，我们更感肩上的使命与责任之重大，我们希望通过这套丛书能将人与自然和谐共生、良性循环、全面发展、持续繁荣的生态精神带给读者，把建设美丽中国的期盼播种到读者心中。

　　在此感谢为这套书的出版一起努力、提供素材和帮助的各位同仁。我们一同期待读者们能有一次愉快的阅读体验，并通过阅读，将目光聚焦给我们身边的植物，学会观察它们、理解它们、尊重它们、欣赏它们。

编者

2021.08

植物是人类离不开的"朋友",随着科学技术的发展,植物科学的未来也将变幻莫测。但是,无论如何变化,植物科学技术的发明、创造都将主要反映在人类的食物、药物、环境、新工具、新技术以及思维方式、重大发现等方面。比如:人类对食物的追求是"近自然""无污染";对药物的要求是天然成分、效果显著而无副作用;在植物的应用方面也会有许多"奇妙"发明和创造。同时,植物科学的探索,既会向空间越来越广阔的太空发展,又向越来越微小的原子生物进发。

1

生态食用植物
未来的追求

生态食用植物是指仍然处于野生状态或"近自然"的植物。"近自然"的食用植物是指，将野生植物进行初步人工栽培，而且栽培的时间较短，一般不超过10年，且没有农药、化肥等污染。这是它们不同于传统农作物品种，如水稻、小麦、小米、苹果等作物的明显优点。生态食用植物富含微量元素如硒、锌等，以及各种维生素。因此，生态食用植物对人类的健康有益，被称为"未来的健康食品"。

天然补钙野木瓜

野木瓜*Stauntonia chinensis* DC. 野生分布于广东、广西、香港、湖南、贵州、云南、安徽、浙江、江西、福建，生长在海拔200～1100m的森林中。它是木通科Lardizabalaceae的常绿藤本，掌状复叶，小叶5～7枚。小叶叶片长6～10cm，先端渐尖。肉质骨葖果长圆形，长7～10cm，直径3～5cm。开花期3—4月，果成熟期9—10月。野木瓜鲜果的营养价值较高，含有各种维生素，主要有维生素C、维生素B_1、维生素B_2、维生素B_6、维生素E等，其中每100克果肉中维生素C含量为65毫克；此外还有丰富的矿质元素锌、钙、镁、钾、钠、硒等，其中钙的含量最高，达11毫克/100克，是人体"天然补钙"的理想鲜果。野木瓜鲜果中的氨基酸、有机酸也很丰富，有益于人体健康。野木瓜籽主要含不饱和脂肪酸，它占总脂肪酸的72.83%（油酸42.13%、亚油酸30.40%、棕榈油酸0.30%），是一种很好的营养食用油。

野木瓜果实除了食用外，还有舒筋活络、解热利尿效果，并对三叉神经痛、坐骨神经痛、神经性头痛、神经根炎、肿瘤疼痛等具有一定的疗效。

野木瓜

高钾低钠野树莓

这里的"树莓"指的是植物学中的"山莓"，它的拉丁学名是*Rubus corchorifolius* L.，为蔷薇科Rosaceae悬钩子属*Rubus*的落叶灌木，高1~3m，目前仍然处于野生状态，没有生产栽培。

树莓的枝具小皮刺，单叶，叶基部具3脉；花白色。果实为肉质的聚合瘦果，直径1.5~3cm，红色。开花期2—3月，果成熟期4—6月。在我国除东北、西北外，其他省区都有野生分布，一般生长在向阳的荒山、路边、林缘。

树莓的鲜果酸甜可口，含糖、苹果酸、柠檬酸及维生素C等，还含有人体所必需的8种氨基酸，婴幼儿所需的组氨酸，以及5种常量元素钾、钠、钙、镁、磷和5种生理活性的微量元素铁、锌、铜、锰、硒。而且各种矿质元素的比例适当，其中钾是钠的48.6倍，体现了高钾低钠的特点，这对于预防和治疗高血压、肾脏疾病有一定的益处。

树莓（山莓），已有实验栽培

高磷高钙野地菍

地菍*Melastoma dodecandrum* Lour.，是野牡丹科Melastomataceae的铺地型多年生草本植物，长15～40cm。如果人工设置篱笆，让其沿篱笆生长，可成为篱架栽培的草本植物。叶对生，花粉红色，聚伞花序顶生，浆果肉质。开花期5—7月，果成熟期7—9月。野生分布于我国贵州、湖南、广西、广东、江西、浙江、福建，生长在荒坡、路边、林缘、疏林下，适应酸性土壤。

地菍的鲜果糖酸比适中，酸甜可口，其鲜果的营养特点主要是钙含量很高，达732毫克/100克；其次是含磷元素高，达162毫克/100克，还含有各种维生素、氨基酸。

此外，果亦可酿酒；全株可供药用，有涩肠止痢、舒筋活血、清热燥湿等作用；根可解木薯中毒。

地菍的
果实

地菍的花

野地菍

营养丰富桃金娘

桃金娘*Rhodomyrtus tomentosa*（Ait.）Hassk，是桃金娘科Myrtaceae的常绿灌木，一般可长到1～2m高，叶对生，花紫红色，浆果熟时紫黑色，直径2～4cm。开花期4—5月，果成熟期6—9月。在我国南部省区如台湾、福建、江西、广东、广西、云南、贵州、湖南等都有野生分布。生长在丘陵荒坡地、疏林下，为酸性土壤的指示植物。

野生桃金娘果实的营养成分比较全面，总糖含量8.06%、果胶1.01%、单宁0.41%、矿质元素0.59%、蛋白质1.30%。含多种维生素，如维生素C、维生素B_1等；其中维生素C含量较高，达到了548毫克/千克。此外，还含有17种氨基酸（其中7种为人体所必需的），以及抗氧化物质如花青素、黄酮类、β-胡萝卜素等，具有抗氧化、抗衰老等作用。

"黄金蔬菜"蒌蒿

　　蒌蒿*Artemisia selengensis* Turcz. ex Bess.是菊科Compositae的多年生草本植物，主要生长在江西鄱阳湖的滩涂、草泽、湖岸，除此之外，在东北、华北、华东和华南的湖泊、沼泽等滩涂湿地也有野生分布。蒌蒿的嫩茎作蔬菜食用，含有丰富的黄酮类、活性多糖、三萜类、多酚、绿原酸，具有抗氧化、降血糖、抗病毒等功效，其中绿原酸的成分已用于宇航员保健食品；嫩茎中膳食纤维的含量达3.95%，对预防肥胖、胆结石、糖尿病、肠道疾病等有效；此外，还含有丰富的微量元素锌、硒，以及维生素C、硫胺素、胡萝卜素等营养物质，不仅美味可口，而且有益于人体健康，因此被人们称为"黄金蔬菜"。

蒌蒿的嫩茎
作蔬菜

野生蒌蒿
的老茎

鄱阳湖：
蒌蒿生长
的地方

美味佳肴毛竹笋

毛竹 *Phyllostachys edulis*（Carrière）J. Houz.是禾本科Gramineae竹亚科Bambusoideae刚竹属 *Phyllostachys* 的木本植物，高可达到12m。毛竹主要生长在我国秦岭以南的亚热带地区。平常地面上看得见的"竹子"其实相当于一棵树的枝，不是主杆。毛竹的主杆是它的"竹鞭"，由于竹鞭在地下生长，因此竹鞭也叫地下茎。木本植物的茎上通常生长着芽，这些芽每年抽枝、展叶、开花结果。毛竹也不例外，地下茎上的芽就是竹笋，每年春天气温回升，雨水充沛，毛竹笋开始生长，"钻"出土面，长成高大的"竹子"。在竹笋刚刚露出土面不久，将其挖出来食用，鲜嫩味美。

毛竹笋含有丰富的氨基酸、微纤维、胡萝卜素、维生素和钙、磷、铁、硒、钠等多种矿质元素，是人体生长、代谢必需的营养物质。竹笋中的氨基酸最丰富，种类较多（约15种），如赖氨酸、色氨酸、苏氨酸、苯丙氨酸、谷氨酸、胱氨酸等，这是竹笋特别有"鲜味"口感的重要原因。

毛竹林

毛竹笋

由于竹笋的微纤维含量丰富，可以促进肠胃蠕动，增进消化腺的分泌，有利于消胀和排泄，减少肠癌的发生。现在还发现，微纤维素和脂肪酸结合能防止血浆中胆固醇的形成。竹笋还含有硒、锗等有防癌、抗癌、抗人体衰老功能的微量元素，其中硒有防衰老、保护人体免疫功能的作用。因此，竹笋是优良的保健蔬菜。

毛竹林

竹笋

2

生态栽培技术
未来探索的方向

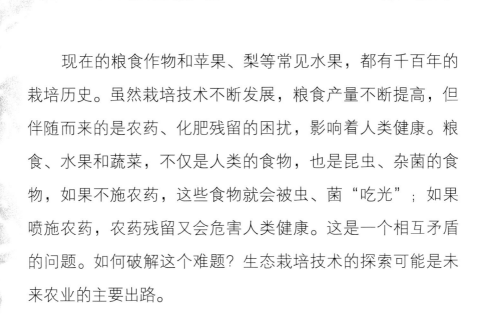

现在的粮食作物和苹果、梨等常见水果，都有千百年的栽培历史。虽然栽培技术不断发展，粮食产量不断提高，但伴随而来的是农药、化肥残留的困扰，影响着人类健康。粮食、水果和蔬菜，不仅是人类的食物，也是昆虫、杂菌的食物，如果不施农药，这些食物就会被虫、菌"吃光"；如果喷施农药，农药残留又会危害人类健康。这是一个相互矛盾的问题。如何破解这个难题？生态栽培技术的探索可能是未来农业的主要出路。

　　未来生态栽培技术系统可能主要表现在三个方面：一是从野生植物中寻找杀虫剂、灭菌剂，这些天然的杀虫剂、灭菌剂易分解，无残留；二是应用物理技术杀虫、灭菌；三是仿效森林养分循环原理，利用天然植物的落叶或幼嫩的草本植物制造有机肥，从而代替化肥。

剧毒钩吻

钩吻*Gelsemium elegans*（Gardn. & Champ.）Benth.，俗名叫断肠草，从这个名字可以看出这种植物的毒性有多大。钩吻是马钱科Loganiaceae的常绿木质藤本，叶对生，合瓣花黄色，蒴果未开裂时有2条明显的纵槽。开花期5—11月，果成熟期7月至第二年3月。主要野生分布于我国江西、福建、台湾、湖南、广东、海南、广西、贵州、云南等省区；印度、缅甸、泰国、老挝、越南、马来西亚和印度尼西亚等也有野生分布。全株有大毒，根、茎、枝、叶含有钩吻碱，具有明显的灭虫效果，是未来重要的农药植物之一。

钩吻

钩吻
的果

民间杀虫高手苦楝

　　苦楝*Melia azedarach* L.是楝科Meliaceae的落叶乔木树种，高达12余米；叶为2～3回奇数羽状复叶，花瓣淡紫色，核果球形或椭圆形。开花期4—5月，果成熟期10—12月。苦楝很普遍，野生于黄河以南各省区，也常栽培于公路两旁、公园等地。

　　苦楝的叶、树皮、根皮和种子都含有杀虫成分"苦楝素"，民间常用其鲜叶消灭钉螺，防治血吸虫病。另外，从根皮、树皮、种子中提炼出来的"苦楝素"具有胃毒、触杀害虫及使其拒食的作用，害虫取食和接触苦楝素后，可阻断神经中枢传导，破坏酶系及呼吸代谢作用，致使昆虫死亡。苦楝素在自然环境下易分解，对人、畜无害，也是未来的农药植物之一。

苦楝花

苦楝

防虫零污染的鱼藤

　　鱼藤*Derris trifoliata* Lour. 是豆科Leguminosae鱼藤属*Derris*的常绿木质藤本，枝叶均无毛，羽状复叶长7～15cm，小叶对生，卵状长椭圆形，先端渐尖，基部圆形。总状花序腋生，花冠白色或粉红色，荚果斜圆形，长2.5～4cm，扁平、无毛。开花期4—6月，果成熟期8—12月。主要野生分布于华南、华东地区。鱼藤可做农药的成分主要是根皮中的"鱼藤酮"。鱼藤酮可使害虫细胞的电子传递链受到抑制而最终使害虫死亡。对蚜虫、飞虱、黄条跳甲、蓟马、黄守瓜、猿叶虫、菜青虫、斜纹夜蛾、甜菜夜蛾、小菜蛾等害虫的防治效果显著，而对环境、人畜安全，不会造成环境污染。

鱼藤

杀虫灭菌雷公藤

　　雷公藤*Tripterygium wilfordii* Hook. f. 是卫矛科Celastraceae
的落叶木质藤本，小枝棕红色，具4根细棱，具细密的皮孔。
叶对生，花白色，子房具3棱，翅果初期为淡红色。主要野生
分布于我国台湾、福建、江西、江苏、浙江、安徽、湖北、
湖南、广西等省区。雷公藤的根、茎、叶、花、芽均有毒，
嫩芽和花的毒性最大，其次是叶、茎皮及根皮。雷公藤主要
含有生物碱和萜类，还有卫矛醇、卫矛碱、β-谷甾醇和苷
等化学成分，不仅可以杀虫，还可以灭菌，如防治植物炭疽
病、根腐病等植物病害。雷公藤含有可做农药的成分，易分
解，无公害。

雷公藤

间接化学灭虫

　　根据昆虫的不同习性，设计出招引害虫的农药粘贴牌，在牌子上涂上农药及引诱剂，或选择能吸引害虫的颜色、化学引诱剂等制作成牌子，然后按一定密度插在种植园里，把害虫吸引过去使其黏在涂有农药的牌上而被毒死。例如下图中的黄色粘虫牌常被用于茶园杀虫，不直接喷施农药，避免污染茶叶。未来科学家将会更精细地了解不同昆虫可被招引的磁性、生理射线、化学物质、光、颜色等条件，创造出更有效的间接化学灭虫方法。

粘虫牌

物理灯诱灭虫

　　大多数害虫具有趋光性，而且对光谱频率具有选择性。通过研究，在了解害虫的生态习性特点之后，我们可以设计相应的光谱频率的灯光进行灯诱杀虫。如下图中的灯诱技术被用于果园杀虫，不需要喷施农药，保障了鲜果的生态安全。

生态肥料

水果、蔬菜、粮食在栽培过程中都要施用化肥，而化肥会影响这些食物的品质和风味，甚至营养成分。但是，如果没有肥料，又会影响收成。自然界的森林是不用施肥的，因为每年有大量的枯枝、叶片、残花和果实等掉落下来，这些枯枝、落叶在微生物和土壤酶系的作用下，变成了可被植物吸收的肥料，保证了植物正常的生长、发育。森林养分循环的原理，给人类以启示，即把植物的落叶收集起来，通过创新技术处理，可使其变为生态有机肥料，从而减少或不施用化肥。这是未来生态栽培的技术关键之一。

可是，收集大量森林落叶难度较大，也干扰了森林生态平衡。为解决这些问题，可以栽种一些幼嫩的野生草本植物，如豆科的紫云英 *Astragalus sinicus* L.，巢菜 *Vicia hirsute*（L.）S. F. Gray等做原料，制备生态肥料。

紫云英

小巢菜

提示：

生态栽培可以保障食物不遭受农药、化肥的污染，是食品安全的未来和希望。然而，前面介绍的一些例子仅仅是生态栽培领域"初见端倪"的探索和应用，还有很多这方面的发现和创造需要依靠未来的科学技术发展。例如：寻找更有效的植物作为生态农药；还有，如何找出"农药植物"中准确、有效的农药化学成分，并揭示其分子结构，甚至其原子"通道"和作用机理等，这些都需要未来科学技术的发展作支撑。生态肥料、生态灌溉、生态耕作等技术应用，在未来的微生物技术、酶技术等生物技术高度发达的条件下，都将一一实现，而不再只是梦想。

3

生态药用植物
未来的希望

植物型药物是以植物为原料，经过工艺技术处理而得到的医疗药物。中药是中国特有的医药瑰宝，它对人体的副作用较小，不会对体内的系统构成持久性损害，因而愈来愈受到人们的重视。但是，由于受到科学技术发展的制约，药用植物中准确、可靠、有效的药用成分以及它的分子结构、作用机理等仍未得到清楚的解释。未来在科学技术日益发达的条件下，将会找到治疗不同疾病的更有效的植物，并能测定

其准确、可靠的成分和相应的分子结构以及作用机理等，有了这些科学技术作基础，人们可以精确提取、制造含有这种分子结构的药物，大大提高治疗效果。现在，这方面的研究探索已经初现端倪，如青蒿素的发现就是这方面的例子，其发明者屠呦呦先生也获得了2015年的"诺贝尔生理学或医学奖"。

青蒿素是从一种很常见的植物中提取的

　　青蒿的植物学名称是黄花蒿*Artemisia annua* L.，它属于菊科Compositae蒿属*Artemisia*的一年生草本植物，有浓烈的挥发性香气；茎高100～200cm，头状花序球形，花黄色，开花期8—11月。青蒿是一种常见的植物，地理分布较广，野生生长于我国大部分地区；在欧洲、北美洲也有野生分布，模式标本采自西伯利亚。青蒿对生存环境的适应性较强，生长在路旁、荒地、山坡、林缘等地方，很容易找到。

　　青蒿素是从青蒿的茎、叶中提取分离而得到的，青蒿素为倍半萜内酯化合物，为抗疟的主要有效成分，对治疗各种疟疾具有速效、低毒的优点，对恶性疟疾脑疟的治疗效果尤佳。

◎疟疾是一种严重危害人类健康的世界性流行病。据世界卫生组织报告，全世界大约有十多亿人口生活在疟疾流行地区，每年约2亿人患疟疾。在青蒿素问世以前，百余万人因无特效药物而死亡。

◎青蒿素为倍半萜内酯化合物，其主要分子结构如下图所示：

◎青蒿素发现的艰难历程

青蒿素源于1967年国家抗疟新药的研究项目。经过380余次的筛选，屠呦呦团队于1971年首先从青蒿（黄花蒿）植物中发现抗疟有效提取物，取得中药青蒿素筛选成功。1972年，从中药青蒿中分离得到抗疟有效单体，命名为青蒿素，它对鼠疟、猴疟的原虫抑制率达100%。1973年临床研究取得与实验室一致的结果，抗疟新药青蒿素诞生。1986年，青蒿素获得"国家发明奖"。2015年，女科学家屠呦呦获得"诺贝尔生理学或医学奖"。

木材和树皮都"浸透了"药用成分的苦木

苦木*Picrasma quassioides*（D. Don）Benn.，也叫苦树，是苦木科Simaroubaceae的落叶乔木，高达15m。苦木的芽为裸芽，叶为奇数羽状复叶，小叶边缘具不整齐的粗锯齿，核果成熟后为蓝绿色。开花期4—5月，果成熟期6—9月。

苦木野生分布于黄河流域及其以南各省区。苦木的药效成分主要储藏在茎秆和根的木材部分，树皮（嫩枝叫表皮）也有相应的成分。主要药效成分是苦木碱A、B、C、D、E、F，以及苦木素和异苦木素，此外还有苦树素甙。用于感冒、急性扁桃体炎、肠炎、湿疹、毒蛇咬伤等的治疗。另外，从苦木中分离得到的苦树素甙–B在体外对淋巴细胞性白血病P388细胞株的生长有抑制作用，具有抗癌效果。

清热解毒鱼腥草

鱼腥草 *Houttuynia cordata* Thunb. 也叫"蕺菜",是三白草科Saururaceae的草本植物,用手稍稍搓揉其叶片,就可以闻到腥臭气味。鱼腥草高30～60cm;茎下部呈匍匐状,上部直立;节上生小根,叶背面有腺点,叶基部心形。花序长2～5cm,基部花瓣状的苞片为白色,开花期4—7月。我国中部、东南至西南部各省区都有野生分布,常常生长在沟边、溪边或林下湿地。

鱼腥草的茎和叶的有效药用成分是醛酮化合物、鱼腥草素等,具有抗菌、抗病毒作用。未来科学技术的发展,可能对其药用成分有更多、更细的发现,并将其应用于治疗一些疑难疾病。因此,未来鱼腥草或许不再是一种普通的植物,它会被发现和创造出更多新的特殊用途。

良药苦口黄连

　　黄连*Coptis chinensis* Franch.是毛茛科Ranunculaceae黄连属*Coptis*的草本植物，高20～40cm，根状茎黄色，叶有长柄；叶片分裂，花较小，雄蕊约20枚；蓇葖较小（大约0.8cm）；开花期2—3月，果成熟期4—6月。主要野生分布在我国亚热带地区，生长在海拔500～2000m的森林阴湿处。

　　黄连全株苦味十足。其根状茎含小檗碱、黄连碱、表小檗碱、掌叶防己碱、甲基黄连碱、阿魏酸、黄柏酮等化学成分，具有抗菌作用，主要对痢疾杆菌、伤寒杆菌、副伤寒杆菌、霍乱弧菌、大肠杆菌、变形杆菌等有较强的抑制作用。抗

真菌作用：对许兰氏黄癣菌、许兰氏黄癣菌蒙古变种、铁锈色毛癣菌有抑制作用。抗病毒作用：对甲型流感病毒、乙型流感病毒等均有抑制作用。小檗碱还有降血压、降血糖等疗效。

4

未来奇妙的
发明和创造

人类的吃、穿、住等生活各方面都与植物科学有着千丝万缕的联系。虽然植物科学的未来难以想象，但是无论如何都跟这些方面有关，或许还有许多奇妙的创造和发明。这些奇妙的发明、创造首先是慧眼发现问题，然后进行实验、验证，最后引发某个领域的新技术革命。绿色荧光蛋白的发现就是这方面的一个例子，它是从发现海洋生物水母"发光"的奇特现象开始，美籍华裔科学家钱永健的慧眼看到了这种奇特现象所蕴藏的科学价值，改造了绿色荧光蛋白（GFP）而获得2008年诺贝尔化学奖。他为后来生物体内基因表达的测定、蛋白质分子的定位、细胞间分子交流的动态监测、免疫分析、核酸碱基探针分析提供了新的技术手段，从而使基因工程技术迅速发展。另外，还有一些奇妙的发明、创造，犹如科幻电影中描述的那样神奇，随着科学技术的发展，其中一些幻想也会逐渐变成现实。

科学家的慧眼与绿色荧光蛋白的发现

认识水母

现代植物的分子研究都要使用"绿色荧光蛋白"的标记技术，动物基因工程技术也是一样。如果要了解其原理，首先需要认识水母。水母是一种低等的海洋无脊椎浮游动物，在分类学上隶属腔肠动物门Cnidaria（又称刺胞动物门）、钵水母纲Scyphozoa，有250余种，单体直径10～100cm，世界各地的海洋中都有分布。钵水母纲的水母分为两个类型：自游水母类型和营固着生活类型。水母的出现比恐龙还早，它们在6.5亿年前就已经出现了。

水母的身体构成主要是水，其体内含水量达到95%以上。水母由内外两个胚层构成，两层之间有一个很厚而透明的中胶层，它帮助水母漂浮。水母利用体内喷水的反冲作用向前游动。

水母具有自我保护系统，它的伞状体内有一种特别的"腺"，这种"腺"可以产生一氧化碳而使伞状体膨胀。当水母遇到危险如天敌、大风暴的时候，会自动将一氧化碳气体放掉，使自己沉入海底。等海面平静后，只需几分钟它就能生产足够的一氧化碳气体，使伞状体重新膨胀而再次漂浮起来。水母看起来美丽温顺，其实十分凶猛。在伞状体的下面，那些细长的触手既是它的消化器官，也是它的武器。触手上面布满了刺细胞，像毒丝一样，能够射出毒液，猎物被刺螫伤以后，会迅速麻痹甚至死亡。水母有各种颜色，是一种生物发光体，这吸引了很多科学家的关注。

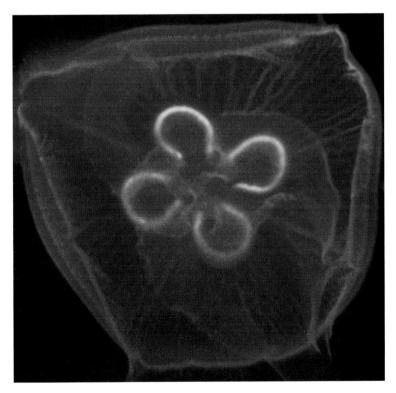

水母

"仿生学"妙用

水母的触手中间的细柄上有一个小球，里面有一粒小小的听石，这是水母的耳朵。由海浪和空气摩擦而产生的声波冲击听石，刺激其周围的神经感受器，使水母可以在风暴来临之前的十几个小时就能够得到信息而逃命。科学家们受此启发，模拟水母的声波发送器官进行试验，发现可以提前15小时预测海洋风暴，这是"仿生学"妙用的例子之一。

水母

新的发现

人类一直梦想着直接窥测细胞内的运行过程，进而准确认识生物体内基因表达的原理，以及细胞之间分子交流的情况，但这需要借助一种特殊的"标记物"才能实现。自然界发光生物早就引起了科学家的注意，但实验结果都不是很理想。直到绿色荧光蛋白被发现，才实现这个梦想。

绿色荧光蛋白Green Fluorescent Protein，简称GFP，是一种学名为*Aequorea victoria*的水母中的一种天然绿色荧光蛋白，能发出绿色荧光。这种绿色荧光是由绿色荧光蛋白发色团产生的。其原因是在发光器官内包含的238个氨基酸序列中，第65至第67个氨基酸（丝氨酸—酪氨酸—甘氨酸）残基，可自发地形成一种绿色荧光蛋白发色团。当蛋白质链折叠时，蛋白质内部的氨基酸片段紧密接触，导致环化形成咪唑酮，并发生脱水反应；又在氧存在的条件下发生氧化脱氢，从而形成了绿色荧光蛋白发色团。

绿色荧光蛋白无毒，而且不需要借助其他辅酶，自身就能发光，可以让科学家在分子水平上研究活细胞的动态过程。这与萤火虫发出的荧光不同，萤火虫发光是以荧光酶为酶催化底物的荧光素进行化学反应产生荧光，而绿色荧光蛋白是蛋白质本身发光，无需底物。

功亏一篑

1955年Davenport和Nicol发现水母可以发绿光，但不知其因。1962年下村修和约翰森在《细胞和比较生理学》杂志上发表文章，公布了从水母*Aequorea Victoria*中分离纯化而得到"发光蛋白水母素"的消息。他们在这篇文章中特别作了个"注脚"，说明还发现了另一种蛋白，它在阳光下呈绿色，在紫外光下为深绿色，而在钨丝灯照射下呈黄色。1963年他们又在《科学》杂志上报道了钙和水母素发光的关系。此后，Ridgway和Ashley提出可以用水母素来检测钙浓度，创造了检测钙的新方法，因为钙离子是生物体内的重要信号分子，因此水母素成为第一个有空间分辨能力的钙检测方法，而且是目前仍在用的方法之一。1974年，下村修和约翰森纯化得到了可以发绿光的蛋白，并称之为"绿色蛋白"。

下村修本人对GFP的应用前景不感兴趣，也没有意识到应用的重要性。他离开普林斯顿大学到海洋研究所工作，其同事道格拉斯·普瑞舍（Douglas C. Prasher）对发现生物示踪分子非常感兴趣。1985年，普瑞舍根据蛋白质顺序获得了水母素的基因（即cDNA）。1992年，普瑞舍又获得了绿色荧光蛋白（GFP）的基因。遗憾的是，普瑞舍1992年发表了GFP的cDNA之后便不做科学研究了，因为他在申请美国国家科学基金时，评审者说没有蛋白质发光的先例，即使他找到了蛋白质发光的证据，也没有什么价值。他一气之下离开学术界去了麻省空军国民卫队基地，从事农业部动植物服务部门工作，真可谓是"功亏一篑"。倘若他坚持下去，只要稍花一点经费，将水母的GFP基因插入其他生物（如细菌）体内，如果看到发出荧光，就可以证明GFP本身可以发光，无需其他底物或辅助分子。验证GFP蛋白质本身可发光，这在生物发光原理上是一个重大突破，可以直接应用于分子标记。这个原理不同于水母素发光，水母素是荧光酶的一种，它需要荧光素才能发光。

奇妙的创造

绿色荧光蛋白被发现20多年后才正式应用在生物分子标记上，如1993年马丁·沙尔菲次采用基因重组的方法，证实水母以外的其他生物（如大肠杆菌等）也能产生绿色荧光蛋白。这不仅证实了绿色荧光蛋白与其他活体生物的相容性，还掌握了用绿色荧光蛋白研究基因表达的方法，为解释一些重大疾病与基因表达的关系提供了技术支持，引发了生物医学研究中的一场"绿色革命"。

钱永健在系统地研究了绿色荧光蛋白的工作原理之后，对绿色荧光蛋白编码序列进行各种各样的修改和创造，不仅增强了绿色荧光蛋白的发光效率，而且还创造出了红色、蓝色、黄色等各种发光颜色的蛋白质。这一奇妙的创造，真正找到了直接窥测细胞内的分子生化过程、准确认识基因表达的机制和结果的工具。犹如显微镜的发明一样，钱永健的奇妙创造，使绿色荧光蛋白成为当代生物科学研究中最重要的工具之一。因此，钱永健和下村修、马丁·沙尔菲次共同获得了2008年的诺贝尔化学奖。

窥测克隆生命过程的帮手

植物克隆和动物克隆一样，绿色荧光蛋白标记技术是窥测其过程的帮手。有了这个帮手，人们可以直接了解克隆过程中的分子机制，有利于以后更好地创造新技术。例如，利用钱永健创造的绿色荧光蛋白标记，可以直接对克隆猪的细胞、分子过程和机制进行观测，不仅可以准确解释克隆的机理，还可以看到出现的问题，为未来创造新技术提供可靠的信息。

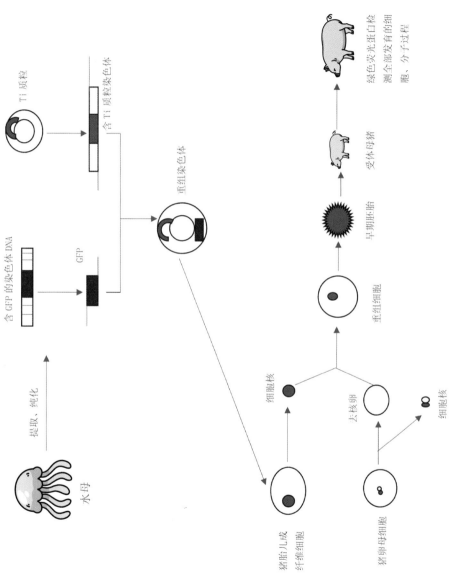

绿色荧光蛋白检测转基因克隆猪的细胞、分子过程图

种树或许可以获得汽油

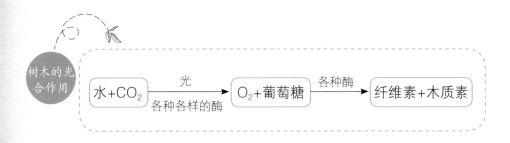

树木的光合作用

水+CO₂ —光/各种各样的酶→ O₂+葡萄糖 —各种酶→ 纤维素+木质素

具体一点说，就是纤维素为 β-D-葡萄糖通过 β 化学键（1，4键）聚合而成的大分子，这个大分子由多个化学键把每个 β-D-葡萄糖单体链接起来。每个纤维素含有3000～10000个 β-D-葡萄糖单体。组成木质素的单体是松柏醇、丁香醇、对-香豆醇，一个木质素含有100多个单体。

化学键

纤维素晶区分子结构

汽油是由石油提炼出来的，而石油又是地壳运动把古森林植物埋入地层，在高温、高压等自然力作用下形成的烷烃、环烷烃、芳香烃混合液体。其实，这些化学成分与存活状态下的植物细胞成分有关。因为树木细胞壁的纤维、导管和管胞细胞的木质素等都是环烷烃、芳香烃聚合而成的大分子"碳链"，这些大分子"碳链"在高温、高压等作用下"断键"（化学键断裂），便形成了石油。

　　地球表面生长的树木死亡或砍倒后任其自然分解，在各种不同的生物酶作用下，最后分解为矿质元素、小分子有机物、少量难以分解的碎屑等，回归到土壤中，同时释放二氧化碳，而不会产生汽油等能源物质。从这里可以得到两个启发：一是不同类型的生物酶可以把大分子的纤维素、木质素等"断键"、分裂；二是通过人工控制的酶催化作用，可能得到含不同碳原子个数的能源物质。

　　未来的科学技术如果能发现各种有效的生物酶，使纤维素、木质素的大分子化学键断裂，并通过工艺设计，控制这些酶的催化断键，将会得到含碳原子个数不同的汽油（含5～12个碳原子）、柴油（含10～22个碳原子）等能源物质。这种技术不会造成环境污染，是理想的洁净生产技术，也是人们未来的追求。

植物可以把环境打扫干净

生活中我们可以观察到，一些植物"不怕脏"，喜好生长在污水里。其实，它们具备一种"生物自我净化"机制，可以将污水"自我净化"。

生长在污水中的苦草

现在，人类已经知道植物可以洁净污水、"打扫水环境"，如在庭院水域中把盆栽荷花种植在水体中，既有园林之美，又有洁净水体的效果。但暂时不知道这些植物"打扫"污水环境的科学机理。

盆栽荷花

把植物大规模栽培于水体景观中，可以提高净化水质的效率。应用水生植物"打扫污水环境"的方法，已经普遍应用于园林景观中，但目前仍不知道其中的酶催化效率、净化过程、水体中生物动力学等净化原理的知识。

　　未来科学技术（包括植物科学）的发展，如果揭示了植物净化污水的原理，其中包括高效的催化酶、植物分泌物、微生物种类和植物种类等新的发现，就可以创造出用植物"打扫污水环境"的可靠、实用、高效的技术，解决现在用物理化学方法处理污水所带来的次生污染和高能耗问题。这或许是未来植物科学发明创造的一个重要方向。

把植物大规模栽培在水体景观中

在古老的科学领域中创新

不同寻常的思维

一般而言，人类喜欢"赶热门"，都愿意在热门的科学领域中遨游，因为这样可以更快地获得新的发现或创造。细胞生物学是一门较古老的学科，自1838年德国人施莱德和施旺发明显微镜并发现了细胞，创立了细胞学说，至今已有180余年的历史了。要在这些较古老的学科中有所发现和创新，需要有独特的视角和不同寻常的思维。

这方面的一个例子就是，1902年德国植物学家哈伯兰特提出了"细胞的全能性"，也就是说，在多细胞生物中，每个体细胞的细胞核都具有个体发育的全部基因，只要满足一定的条件，一个体细胞就可以发育成一个完整的生命个体（包括植物）。

引发新技术的诞生

细胞的全能性理论提出后引发了很多人的思考，这是否意味着，只要一个细胞，就可以培育出一株植物？这要是变成了现实，不就可以在工厂里育苗吗？

为了实现这个想法，哈伯兰特首先开始试验。他将高等植物的叶肉细胞、髓细胞、腺毛、雄蕊等多种细胞放置在人工配制的营养物（培养基）中，结果只发现有些细胞增大了，但不能长出苗来。1934年，美国学者怀特用无机盐、糖类和酵母提取物配制培养基，取番茄根尖放入培养基，也只长出了一团愈合伤口的新细胞（愈伤组织）。1946年，中国学者罗士韦取植物菟丝子的茎尖试验，同样只在试管中形成了花。直至1970年，美国植物学家斯图尔德Steward成功用胡萝卜韧皮组织的细胞培养出了一株完整的植株。经过50余年的不断试验，植物细胞的全能性终于得到验证，人类掌握了用植物组织细胞育苗的技术，促使现代"组织培养"新技术诞生。

工厂化育苗：组培技术

5

未来的植物科学
迈向太空探索

人类不仅对地球上的生命感到好奇，而且对地球以外的太空以及把地球上的生命带到太空会发生怎样的变化等也很好奇。随着航天科学技术的发展，这种好奇表现得越来越强烈，预示着未来的植物科学将向太空探索迈进。未来太空生物学（包括植物科学）会是怎样的？虽然现在很难预料，但从本章的一些事例中可见其端倪。

太空生物学"管辖"的空间范围有多大

国际航空联合会规定100千米的高度为现行大气层和太空的分界线。太空生物学（Astrobiology）是研究太空空间里的生命现象和过程的科学，是一门涉及生物学、化学、物理学、地质学和天文学等多门学科交叉的科学。它可能从另外一条途径来揭示地球以及整个宇宙的生命起源、进化、分布和未来的发展变化。

外太空生物学（Exobiology），亦称外空生物学、外星生物学或异域生物学（Xenobiology），是主要研究太阳系以外的外太空生命现象（包括植物），特别是智慧生命现象的学科。"外太空生物学"一词最初是由美国遗传学家莱德伯格提出来的。

研究太空的生命现象是否可行

　　航天科技的发展已经使人类向太空研究生命的想象逐步变成了现实。1958年，美国创立了美国国家航空航天局NASA（National Aeronautics and Space Administration），它是美国联邦政府的一个机构，负责美国的太空计划，已成为世界上人类太空探险的先锋，率先开始进行太空实验探索。2003年，中国"神舟五号"载人飞船的成功，标志着中国在太空探索中迈出了具有重大历史意义的一步。教育部成立了太空生物学实验室，探索来自地球上的生物体如何适应太空环境，以及生物体生长、发育和繁衍的分子机制和运行规律，为抗极端逆境的物种筛选、新型种质资源创制、有机废弃物循环利用、太空农业模式构建、促进人类对地球荒漠极端环境的改造和利用提供实验帮助。另外，为寻找外星人，地球人类还不断地从卫星上发出图像及文字信号，并连续地监测来自外星和星样天体的无线电信号。这些创新研究牵动着各个领域科学家的想象力，也唤起了各个年龄段作家、艺术家和学生的好奇心。

太空育种

什么是太空育种

　　"太空育种"是太空生物学中一个重要的应用科学领域。太空育种也称"空间诱变育种"，是指将植物种子或试管苗送到太空，利用太空特殊的环境如高真空、微重力、太空辐射（宇宙高能离子辐射）、宇宙磁场等因子，进行DNA诱变作用，使种子产生变异，然后返回地面，再进行筛选、培育新品种的过程。

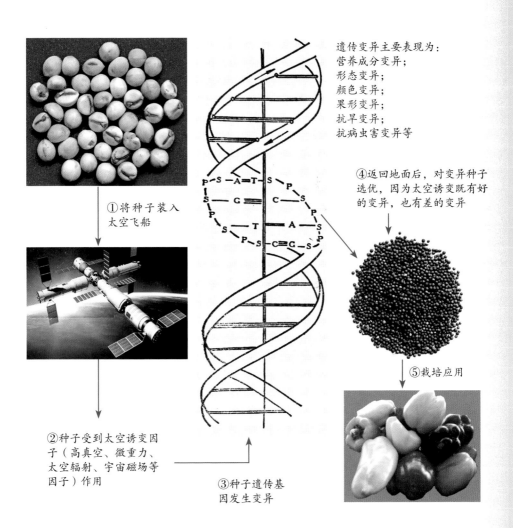

①将种子装入太空飞船

②种子受到太空诱变因子（高真空、微重力、太空辐射、宇宙磁场等因子）作用

③种子遗传基因发生变异

遗传变异主要表现为：
营养成分变异；
形态变异；
颜色变异；
果形变异；
抗旱变异；
抗病虫害变异等

④返回地面后，对变异种子选优，因为太空诱变既有好的变异，也有差的变异

⑤栽培应用

我国太空育种的成果

1987年以来，我国利用返回式卫星和神舟飞船，先后进行了10多次种子搭载，有1000多个品种的种子和生物材料上天，粮食作物主要有小麦、水稻、高粱、玉米、大豆、绿豆、豌豆等；蔬菜类有西红柿、辣椒、黄瓜、甜菜、茄子、萝卜等；经济作物有棉花、烟草等；花卉有万寿菊、鸡冠花、三色堇、龙葵、荷花、百合等；中草药植物有黄芪、甘草；树木种子有油松、火炬松、白皮松、石刁柏。

其中，水稻种子经过太空诱变后，增产20%，蛋白质含量增加8%～20%，氨基酸总含量提高53%；太空青椒单果重350～600克，维生素C含量提高20%，病害减少55%；太空黄瓜单果重850～1100克，抗病力强。太空番茄增产15%以上；太空西瓜含糖量达13%以上，个头大，沙甜可口，等等。

太空粮食、蔬菜、瓜果是否安全

经过太空育种的水稻依然是水稻，青椒依然是青椒，没有外来生物基因导入与整合，物种没有发生本质的变化。比如：地面上DNA的基因A、B、C、D是排列在1、2、3、4号位置。经太空诱变后，基因A、B、C、D排列位置发生了变化，即分别排列在1、3、4、2号位置上，说明了基因位置的排序发生变化；这种基因位置排序变化可能导致基因突变。

转基因与基因突变不同，在转基因植物中，除了原来的基因A、B、C、D以外，还加入了基因E，而且基因E是别的物种上的基因，即"外来客"，因此，转基因可能出现"土豆吃出牛肉味""猪肉吃出菠菜味"的现象。因此，太空育种与转基因有着本质的区别。显然，太空粮食、蔬菜、瓜果是安全的，而转基因食物则存在一定的健康风险。

太空植物变异的奇怪现象

　　1993年，科学家利用太空空间站搭载常规水稻种子，进行太空条件下植物变异的研究。当年这些遨游太空的种子返回地球后，播种长出2000余株禾苗，其中仅1株表现出"与众不同的特性"。之后，科学家又将这株水稻上成熟的种子采收再播种，出苗后栽培。结果这株水稻的后代发生了变异，出现了糯化早熟型、长粒型、高粗秆大穗型（有的植株高达1.8米左右）、小粒型、大粒型等十多个变异类型。传统杂交育种是基因重组，而这种利用太空微重力和强辐射的育种属于诱变育种，其原理为基因突变；这种基因突变频率低、不定向性大、弊多利少（好的变异发生较少）。

　　一般草本植物的种子进入太空后，返回地球再播种，后代都表现出良好的性状。如花卉的花色更艳丽，甚至出现从未见过的颜色，具有更高的观赏价值；而树木种子进入太空后，带回地球播种，后代都呈丛状。

火炬松*Pinus taeda* L.是高大的乔木树种，原产地在北美东南部，我国进行引种栽培，生长良好，同样表现出高大乔木的特征。但是，将其种子"搭乘"航天飞船进入太空，返回地球后播种，将出苗后的苗木栽培到适应的地方，结果都表现为丛状灌木，而不是乔木。未来的太空植物学可能有更多令人惊奇的发现。

进入太空后带回地球播种的火炬松后代，呈丛状

火炬松

6

未来的植物科学将向"原子"
乃至更微观的世界进发

明显不同

植物等生命体中的原子状态与非生命物质中的原子状态明显不同。首先，生命体中的原子主要以离子状态存在；其次，生命体中的离子运动都受其他物质的"牵连"和影响，不是纯粹的化学、物理运动，正如人体内的食物消化过程不是普通的无机化学反应过程一样。

著名的钠离子通道

科学家在生命体内的生理活动过程中发现了钠离子（Na^+）通道。钠离子通道其实就是细胞质膜上的一种跨膜蛋白，它由 α、$\beta 1$、$\beta 2$ 三个亚基（也是蛋白）组成。它可以在生理电位产生的"电刺激"下被激活而打开通道，实现细胞膜外侧的钠离子流向细胞膜内侧，故又称其为"电压门控钠离子通道"。这种通道在生命体内分布范围广泛。细胞膜外侧的钠离子流向细胞膜内侧后，会改变细胞膜两侧电位的极性。当膜外侧和膜内侧的电位达到平衡时，通道腔关闭，待膜两侧重新产生电位差之后，又打开通道腔。

钠离子通道的主要作用是维持细胞兴奋及其传导，从而进一步发生其他生理活动。科学家还发现，钠离子通道的生理作用与许多疾病如心脏病、癫痫、疼痛等有关系，而且还是蛇毒、蝎毒、蜘蛛毒素等多种毒素的直接作用靶点。因此，通过深入探索钠离子通道结构、机理，可以揭示许多疾病成因，为制造相应的药物提供更多准确信息。

新的发现

　　我国科学家在2012年发现了详细的钠通道NavRh的晶体结构，为进一步的应用技术开发提供了新的思路。所以说，未来植物科学的探索实际上是向"离子"或更微观的世界进发。

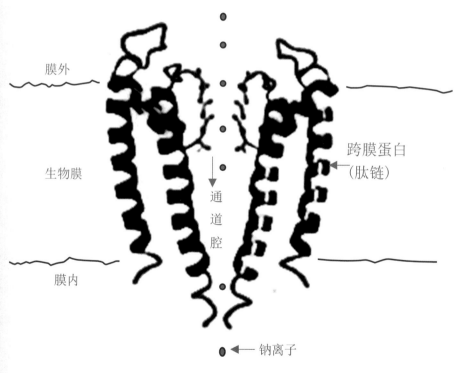

钠离子通道模型示意图

森林康养

未来植物科学的一个重要研究方向是如何在保护好森林资源的前提下，间接利用森林的生态功能，森林康养是其中一个重要的方面，是未来发展的潮流和趋势。据测定，森林康养将使医疗费用减少30%，原因是森林康养具有舒缓生活压力、修身养性、调节身体机能、延缓衰老等功效。

什么是森林康养

　　森林康养是依靠森林生态资源，开展森林游憩、度假、疗养、保健、养老等的活动。由此可见，森林康养的内容较广泛，形式也多样化。

为什么森林具有康养效果

　　①增加氧气，森林中的绿色植物通过光合作用吸收二氧化碳，释放氧气，增加空气中的氧含量，150公顷阔叶林一天大约可产生100吨氧气。②清洁空气，森林能吸收有害气体，一棵阔叶树一天大约能吸收16千克二氧化碳和二氧化硫等污染物。③增加空气湿度，改善干燥，缓解情绪。④空气中芳香性挥发成分增加，森林植物的叶片、花果等散发出芳香成分（常称"芬多精"），具有止咳、平喘、祛痰、解热消炎、降压、安神镇静、镇痛、舒缓心血管压力、消除疲劳

等作用。不过，这些作用因树种不同而有所差异。⑤最重要的是森林植物能产生大量的负氧离子（见表1）。含有负氧离子的空气被人体呼吸后，可调节神经、改善心肺功能、加强呼吸深度、促进人体新陈代谢；而且长期或经常进行森林康养，可明显改善呼吸系统、循环系统等的机能，使人精神焕发、精力充沛、记忆力增强、反应速度提高、耐疲劳度提高、神经系统稳定、睡眠改善；又因负氧离子带负电荷，呈弱碱性，因此可以中和肌酸、消除疲劳；还可以中和城市环境中过多的正离子，防治"空调病"。

表1　不同环境中负氧离子浓度及其康养效果

环境类型	负氧离子浓度（个数 /cm^3）	森林康养效果
森林、瀑布	10000 ~ 100000	对高血压、高血糖、高血脂以及癌症等具有痊愈能力
高山、海边	5000 ~ 10000	清洁空气，增强人体免疫能力
乡村、田野	1000 ~ 5000	清洁空气，增强人体免疫能力
公园	400 ~ 1000	适度清洁空气，增强人体免疫能力
城郊、旷野	100 ~ 1000	适度清洁空气，增强人体免疫能力
街道绿化带	200 ~ 400	适度改善人体健康状况
城市室内	40 ~ 100	可能诱发生理障碍、头痛、失眠等
工业区	0	易发各种疾病
说明	*工业区负氧离子为零的原因：①各种金属管道会吸附大量的空气负氧离子；②空调会使空气负氧离子被吸附或复合而损失。*世界卫生组织规定，清新空气是指空气中负氧离子的浓度为 1000 ~ 1500 个/cm^3。	

另外，有研究表明：人体内有一种免疫细胞叫"自然杀伤细胞"（简称NK细胞），NK细胞可以使癌细胞死亡。有数据表明，森林康养不仅能使人体中的NK细胞活性得到显著提高，还能使抗癌蛋白的数量也大幅增加。

自然界如何产生负氧离子

自然界中负氧离子的产生主要有如下原因：①水分子在跌落（如瀑布等）或高速运动过程中电离；②绿色植物在光合作用的过程中发生光电效应；③自然界的放射性物质，能使空气中的氧分子发生电离；④宇宙射线与紫外线，使氧分子电离；⑤大气运动形成的风与地面摩擦产生氧负离子；⑥雷电的瞬时高电压，也能产生氧负离子。

什么是负氧离子

负氧离子也叫空气负离子，自然界的闪电、森林、瀑布等能使周围空气电离，释放自由电子，这些自由电子再与氧分子结合形成负氧离子。其化学过程是：

$O_2 + e^- \rightarrow O_2^-$；$O_2^- + (H_2O)n \rightarrow O_2^-(H_2O)n$；因此，空气负氧离子分子式为：$O_2^-(H_2O)n$。由此可见，空气负氧

离子与空气中的水分有关，过度干燥的天气，会使负氧离子减少。

负氧离子的主要康养作用

①对神经系统的影响，空气负氧离子可使人的大脑皮层及脑力活动加强，提高工作效率，改善睡眠质量，促进人体新陈代谢。②对心血管系统的影响，负氧离子有明显的扩张血管作用，可解除动脉血管痉挛、降低血压、增强心肌功能，有利于高血压和心脑血管病人的健康恢复。③对血液系统的影响，负氧离子能增加血液中的氧含量，增强免疫能力。④负氧离子对呼吸系统的影响最明显，因为负氧离子是通过呼吸直接进入肺部，提高了人的肺活量。因此，负氧离子对呼吸道、支气管疾病等具有显著的辅助治疗作用。⑤负氧离子能灭菌、除尘，对空气的消毒和净化有一定作用。当空气中负氧离子的浓度达到20000个/cm³，空气中的浮尘约减少98%。由于尘粒直径越小，越易受负氧离子作用而被沉淀，所以在高浓度负氧离子的空气中，直径1um以下的微尘、细菌、病毒等几乎为零。⑥负氧离子能增强人体免疫力，提高人体的解毒能力。

森林康养活动的主要形式

①保健锻炼型，包括"森林浴"、森林太极、森林瑜伽及森林冥想等；②度假疗养型，包括森林特色住宿、森林温泉、森林食疗、森林药膳及芳香疗养；③休闲娱乐型，包括认识森林、野外露营、户外远足、漫步、健走等运动；④"自然—人文"融合型，包括自然手工、农事体验、农耕文明探索等活动。

认识森林

　　随着社会的发展和人类活动范围的不断扩大，优良的森林对人类而言越来越少，变得犹如奢侈品那样珍贵了。如今人类已经意识到自己的生存离不开森林的庇护，未来的社会不再像以前那样直接利用森林资源了，如砍伐、开垦等；而是更加注重森林的间接利用，如森林康养、调节气候、涵养水源、改善环境、开发自然文化等方面。

　　为了更好地应用森林、保护森林，人类必须认识森林。首先是认识森林的外貌、结构等生态特点，找出其规律，然后给不同的森林进行科学命名，这样对森林的利用就更加方便了。人们把这些工作叫"森林分类"。

森林分类

我们已经知道，森林是由植物连片扩大形成的"绿色海洋"。这里面有两个概念必须注意，一是形成森林的植物种类（物种），对于植物品种的分类就是已经熟悉的"界、门、纲、目、科、属、种、亚种、变种"，生活中常常只说到"种"级，如杜鹃*Rhododendron simsii*等等；二是"森林"一词，它是许多物种的"集合"，是一个"群体"的概念。对森林的分类主要是抓住"优势树种"进行观察、分析。所谓的优势树种就是森林的"高层植物"，即乔木层。由于乔木层较高、树冠大，会直接影响上下、左右的光照、温度、湿度、氧气和二氧化碳等环境因子的分布，也就是说乔木是在环境方面起主要作用的植物，其他植物种类只不过是在乔木层下面不同地方找到其适应的位置罢了。

森林分类的基本原理是根据优势树种与环境相互影响、相互作用的结果，找出不同气候带、不同海拔、不同土壤等条件下优势树种的外貌特征以及相应的树种组成、习性（落叶、常绿、针叶、阔叶等）、高度层次的变化等规律，这些规律反映了该地区森林与其他地方森林的区别特点，在此基础上再建立合理的等级系统、命名。具体等级和名称见表2。

表2　森林类型与植被类型等级、名称对照表

森林类型等级	森林类型名称 （也是植被类型名称）	植被类型
1级：林纲组	针叶林	植被型组（根据外貌、气候带划分）
2级：林纲	暖性针叶林	植被型（根据生活型、气温划分）
3级：亚林纲	暖性常绿针叶林	植被亚型（根据地貌环境划分）
4级：林系组	暖性松林	群系组（根据优势种的亲缘程度、属级划分）
5级：林系	马尾松林	群系（根据优势种，1个或多个优势种划分）
6级：亚林系	石灰岩檵木马尾松林	亚群系（根据土壤酸碱度划分）
7级：林型组	檵木马尾松林	群丛组（乔、灌优势种相同）
8级：林型	铁芒萁—檵木—马尾松林	群丛（乔、灌、草优势种相同）
说明	"森林"与"植被"的区别是：植被范围更广，包括水域、沙漠、滩涂湿地等，而森林不包括水域、沙漠、滩涂湿地等类型	

森林分类的应用

由于森林分类是根据植物与环境的相互影响、相互作用结果进行的，因此只要知道了某一种森林类型，就知道该地区对应的气候带、地貌、海拔、土壤类型等环境特点，也就是说知道用什么植物去重建、恢复或保护该地区的森林，而不会盲目蛮干。反之亦然，知道了某个地区，就知道其所在区域对应的森林类型，从而可以提出合理的恢复森林、保护森林、发展森林康养等技术。例如知道了森林类型是"铁芒萁—檵木—马尾松林"，就知道这个地区的气候带是亚热带，因为乔木优势树种的马尾松分布区在亚热带；地貌是丘陵，因为灌木优势种的檵木主要分布在海拔500m以下的丘陵；具体的环境特点是干旱、土壤瘠薄、酸性土，因为马尾松、檵木、铁芒萁都适应干旱、瘠薄、酸性土壤的环境，其中铁芒萁是酸性土壤的指示植物。另外，平常说的"针叶林""阔叶林"，其实是指"林纲组"或"植被型组"等级，也是最高等级的名称。

未来的森林康养

关注森林的地理气候带变化

森林类型有明显的地理气候变化，热带地区的森林通常叶片大、茎生花，板根和气生根发达，这反映了气候温暖、空气湿度较大的特点，是冬季进行森林康养的理想之地。

芭蕉林属于热带森林，叶片很大，因为热带地区的气温、降雨、光照等自然条件较好，是叶片较大的植物的理想生长环境。

由于热带气温高、降雨多、光照好，所以热带森林的乔木生长得很高，树冠也伸展得很宽。如图，观察其外貌就可以知道这是热带植物了。

热带森林中普遍可见从树干、树枝上生长出来的气生根。这些气生根可以吸收空气中的水分和游离氮，增加植物的吸收面积，有利于植物生长。

热带森林中，本来生长在土壤中的根，常常"跑出"地面，形成十分明显的板根，可帮助植物吸收空气中的水分（热带森林的空气湿度大），以满足叶片蒸腾作用所消耗的水分。

　　热带森林的树干也能长出花来，这种现象叫"茎生花"。因为树干具有很多休眠芽，这些休眠芽在热带地区的高温、高湿环境中，具有萌生能力，可形成花芽，最终开花。如图，桑科植物的隐头花序从光秃秃的树干上生长出来。

　　亚热带森林主要是常绿阔叶林，一般叶片较热带植物小，但叶片的表皮细胞外面常常由一层蜡质（不溶于水的有机化合物）覆盖，在阳光的照射下反光，因此也叫"照叶林"（如樟树）。亚热带有明显的四季变化，冬季没有温带寒冷，适合四季康养。

亚热带森林的夏季，空气湿度增加、负氧离子增多，凉爽宜人，是森林康养的理想季节。

毛竹林主要分布在亚热带，竹海是亚热带森林的独特景观。

植物与生态家园系列丛书

武功山草甸，属亚热带的一种高山景观，可见连绵不断的草甸，是夏秋两季康养的理想之地。

北方温带森林为"夏绿林"，由于北方冬季气温很低，阔叶树都落叶了，夏天又重新发芽、展叶，因此称为"夏绿林"。"夏绿林"是北方夏秋两季森林康养的宝地。

东北的冷杉林，四季常绿，凉爽，林下物种较丰富，是开展夏季森林康养的不错之选。

云南、西藏南部的原始森林，主要以冷杉、云杉为优势乔木树种，树冠上下都挂满了长松萝*Usnea longissima*，洋溢着原始性、人迹罕见的气息。夏季凉爽、静谧，是远足康养的理想之地。

　　新疆、内蒙古沙漠地区的梭梭林是一道美丽的风景线，适合开展"阳光浴"等康养活动。

青藏高原是高寒地区，没有森林生长，仅见零散的矮小植被，不太适合森林康养。

关注森林的四季特点

亚热带、温带的森林具有明显的四季变化，未来森林康养的发展需要了解这方面的科学知识，以找到更全面的康养方式，达到优良的康养效果。

春季，亚热带常绿阔叶林的优势树种"壳斗科植物"开花，会形成宏大的景观，赏心悦目，有益于健康。

井冈山常绿阔叶林

春季，万物复苏，亚热带的毛竹新叶与其他各种颜色的新叶组成了一幅美丽的画卷，是森林康养的极佳季节。

罗霄山脉云锦杜鹃林

    春季，亚热带海拔1500m以上的高山顶部，云锦杜鹃争奇斗艳，形成延绵十余里的杜鹃花带。浓浓的花香，弥漫在清新的空气中，令人心旷神怡。

夏季，亚热带森林中空气湿度较大，水蒸气上升到较高的海拔高度时因气温下降而形成壮观的云海，是森林康养的优良自然条件之一。

秋季，亚热带森林的各种落叶树种的彩叶，色彩斑斓，星星点点，令人赏心悦目。

　　秋季，北方温带森林色彩缤纷，连绵起伏，也是森林康养的重要季节。

冬季，亚热带的毛竹林翠姿披雪，美不胜收。

　　冬季，亚热带的高山草甸，雪飞云舞，空气清新。可进行户外活动，有益于健康。

寻找"自然—人文"融合的康养方式

未来的森林康养发展趋势之一是把自然与人文结合起来，寻找农耕文明与自然环境相互融合的地方，开展"自然—人文"探索型康养活动，更关注人类身心健康。

南方山区的村落文明丰富，自然森林在晨曦薄雾的笼罩中，让人不禁联想到"人杰地灵"。山区环境优美，气候宜人，是森林康养的宝地。

南方低山山区的农耕文明与自然生态的融合，无不体现出自然与人类智慧的和谐进化。农耕体验，也是极好的森林康养活动之一。

北方山区的农耕文明表现出"小麦文化的实践者"情怀，体现了"一方水土养一方人"的生态智慧。显然，在森林与农田中进行活动也是健康疗养的方式之一。

北方山区的森林与麦田、村落浑然一体，加之北方气候凉爽，有利于进行森林康养活动。

山区悬崖断面五颜六色，是不同矿物质的颜色表现，是大自然的画作。

　　山区梯田是人类农耕文明的表现之一，反映了万物的生存之道。山区的森林与农耕文明的融合形成了独特的森林康养内涵。

春天来了，山区梯田春意盎然，万物苏醒，是森林康养的重要时节。

森林康养活动的多样化

许多高山、悬崖可见瀑布，水流向下撞击，可产生丰富的负氧离子，所以到瀑布景区游玩是有益于身体健康的。

森林中雨量充沛，河流跌宕起伏，负氧离子丰富，观赏森林河流是进行森林康养的活动之一。

森林是负氧离子多、空气新鲜的天然环境，"依山而居，傍水而栖"，更是人们孜孜以求的宜居环境。

茂密的森林，潺潺流水的河谷，负氧离子丰富，空气洁净，在溪边露营是不错的选择，是森林康养活动的实践体验；但要注意潮涨潮落，选择安全的地点扎营。

　　森林中不但负氧离子丰富，而且植物开花时散发的香气中含有许多小分子化合物，具有清醒大脑、缓解疲劳、舒缓血压等作用，依林而居是森林康养的重要活动之一。

植物与生态系列科普丛书

　　夏秋时节，隐居森林，既可避暑，又能享受到"森林浴"。清新的空气、丰富的负氧离子、芬芳的花草、潺潺流水，可提高康养质量。

    在茶园体验种茶、采茶或制茶的劳动过程，是未来森林康养劳逸结合的极好活动之一。

常到林中漫步，远足登峰，有益于身心健康。

沿着林中小路探索"森林秘密"，是一项森林康养的有益活动，但需有专业人士指导，并配相关专业设备。

在尽量减少生态破坏的前提下，适度在森林中搭建空中绿道，游人穿越大森林时，可缓解压力、放松心情。

森林深处的山泉没有污染，矿质元素丰富，还含有一些有益于健康的微量元素（如硒等）。因此，进行"热山泉浴"或"自然式山泉浴"活动是森林康养的探索内容之一。

没有污染的深山老林，山泉丰富，含有各种有益于健康的矿质元素。现阶段也有相关研究，在减少生态破坏的前提下，适度开发"山泉饮"。

利用森林中负氧离子丰富、空气清新、植物芬芳等特点，在森林中冥思静坐，有利于缓解工作中带来的各种压力，获得良好的森林康养效果。

后　记

从启蒙科学走向公众科学

　　我们身边生长着琳琅满目的植物，植物的生命活动中不仅蕴含许多科学知识，还有许多有趣的奥秘，我们唯有不断地探索才能逐步揭开这些"谜团"。"植物与生态家园系列丛书"一共四分册，分别是《植物的生命》《生活中的植物》《生态与植物》和《植物科学的未来》。《植物的生命》带领读者们进入植物生命的秘密，能使人产生许多想象和疑问，这也许是萌生探索之意的肇启。我们天天都要跟植物打交道，从吃的粮食到呼吸的氧气，还有天然的植物药材，再到环境净化等等，人类的衣食住行都离不开植物。在《生活中的植物》一书中我们认识生活中的植物，了解植物方面的科学知识。植物是生态环境的主要缔造者之一，从《生态与植物》开始将读者引入广袤的科学领域，许多植物与生态现象令人叹为观止，能使读者萌生跃跃欲试的探索之念，为当今生态危机或生态风险的化解提出科学观点。不论社会如何进步，科学技术如何迅速发展，植物在人类生活中依然是不可缺少的重要生物资源。人们也许会问：未来的植物科学将会如何？虽然这是一个难以回答和预测的问题，但是，立足于当今的发展趋势，不妨做一些窥斑见豹的探讨，《植物科学的未来》或许可以帮助读者思考更多植物在未来生活中的应用。

自然科普读物按内容的深浅一般可分为三种类型：一是"儿童画"式的读物，比较浅显、美观，吸引儿童的注意力；二是小知识，如专谈健康，或谈饮食，或谈花草等等，涉及各方面的知识，不同人群可以从这类读物中各取所需；三是"启智生萌"的读物，读后顿觉"豁然"，启发智慧，或使读者萌生某些奇异遐思，或暗下决心，如把魏格纳的"海陆起源"写成了科普读物，言简意赅，通俗易懂，读后能领会地球发生地震、火山的原理，这样的科普读物影响了许多人，尤其是青少年。"植物与生态家园系列丛书"的定位跳出了一般的科普读物范围，由植物学家将科学知识由浅入深地介绍给读者，通过知识拓展和问题思考等，让学者与大众共同探讨植物科学有关生活的问题，让公众也能了解和切身体验这些科研项目。

出版"植物与生态家园系列丛书"，是我们从启蒙科学走向公众科学的一次全新的尝试，作为植物与生态的研究者，我们真诚地邀请各位读者通过阅读本书参与到探索植物科学这一领域的项目中来。

《植物科学的未来》由刘仁林（江西赣南师范大学生命科学学院教授/博士；中国植物学会会员；江西省植物学会副理事长）、马冬雪（河北政法职业学院园林系教授）共同写作完成。文中图片部分由马冬雪拍摄或绘制：蒌蒿的嫩茎作蔬菜、野生蒌蒿的老茎、鄱阳湖：蒌蒿生长的地方、雷公藤、水母以及绿色荧光蛋白检测转基因克隆猪的细胞和分子过程图（绘制）、工厂化育苗的组培技术照片。第126页的图片由江西省林科院何梅（博士）提供。其余照片由刘仁林提供。另外，感谢刘剑锋（赣南师范大学生命科学学院）对书稿的校核工作。

刘仁林

2021.8.12